科恩及合伙人

地域极少主义

地域极少主义

科恩及合伙人

景 观 与 城 市 设 计

[美]科恩及合伙人（COEN+PARTNERS） 编著
季婉婧 译

中国建筑工业出版社

著作权合同登记图字：01−2019−4897号
图书在版编目（CIP）数据

科恩及合伙人：地域极少主义：景观与城市设计/美国科恩及合伙人编著；季婉婧译. —北京：中国建筑工业出版社，2019.10

书名原文：Coen+Partners Contextual Minimalism

ISBN 978-7-112-24241-2

Ⅰ.①科… Ⅱ.①美… ②季… Ⅲ.①景观设计-作品集-美国-现代 ②城市规划-建筑设计-作品集-美国-现代 Ⅳ.① TU986.2 ②TU984.712

中国版本图书馆CIP数据核字（2019）第210909号

责任编辑：李 婧 戚琳琳
责任校对：赵听雨

科恩及合伙人：地域极少主义
景观与城市设计

［美］科恩及合伙人（COEN+PARTNERS） 编著
季婉婧 译

*
中国建筑工业出版社出版、发行（北京海淀三里河路9号）
各地新华书店、建筑书店经销
北京建筑工业印刷厂制版
北京缤索印刷有限公司印刷
*
开本：880×1230毫米 1/16 印张：12¾ 字数：237千字
2020年1月第一版 2020年1月第一次印刷
定价：**168.00**元
ISBN 978-7-112-24241-2
（34229）

目录

前　言

Mikyoung Kim

很多年前在华盛顿特区的总务局（General Services Administration），我第一次看到科恩及合伙人事务所的作品。我记得当时看到的是他们在明尼苏达州沃罗德的边检站项目，觉得设计得恰到好处。它不仅仅清晰地展示出沙恩·科恩对于他家乡的热爱，还为公共景观表达地域特征提供了一条途径。边检站通常不会被与诗意和出人意料的设计联系在一起，但是沙恩具有发掘平凡场所无限可能性的能力。

几年之后，我有机会认识他。最开始，对食物的热爱把我们联系在一起。他探索和分享的天性在食物方面展现无遗。他开放的态度让我们的第一次结识像是老友重逢，他也把这种亲切和蔼带到工作中。他事务所的项目创造了一种极简的体验，用极少的材料做优雅的方案。这是很好的设计。

沙恩的作品是他个性的清晰体现：正直且温暖。现在我们经常滥用“真实”（authentic）这个词，但是我相信沙恩对于中西部景观及其与地平线的关系有真实的感情。他能够吸收一个场所值得纪念的体验，把自己的作品根植于脚下的土地，敬畏空旷的地平线。例如在明尼苏达圣克鲁瓦河边的马林镇（Marine on St. Croix）的一个居住区项目——杰克逊牧场，科恩及合伙人事务所敏锐地应用地形，创造了一个卓越的设计，回应了景观和土地的广袤。这个复杂的项目用适应人尺度的整体规划，强化了每日生活的诗意。这是每一个景观设计师都应该努力的方向。

很多设计师都有“近视”的倾向：对细节的关注模糊了对远景的把控。反过来讲，很多设计师非常“远视”，他们有宏大的远景但却无法建成我们可以触摸、感知和听到的景观。科恩及合伙人事务所的作品让我们能够同时体会场地紧密相连的区域以及其周边更广阔区域的特征。他们的作品很克制地融合在广袤的周边景观中，同时却总能与人体尺度对话。通过丰富的材料和细节处理，他们把我们拉得很近，以至于可以感受到他们作品中倾注的所有情感。当我们远观时，我们可以看到他们灵巧地把周边环境与自己的设计融为一体。

引　言

沙恩·科恩

我小时候是一个疯狂的、好奇的小孩。我的想法不断像闪电般从脑中闪过，从来没有停歇过，一直到成年。我通过设计找到了平静和自我控制，找到了同周边世界和解与联结的方式。25年来，通过我的团队与建筑师、工程师和艺术家的合作，我试图把同样的联结传递给体验我们项目的人们。

我的父亲唐·科恩（Don Coen）是一个艺术家，他是第一个对我有极大影响的老师。我看着他一辈子都在通过绘画探索生活的真谛。当我只有十几岁的时候，他开始画他的家乡，科罗拉多州的拉马尔（Lamar）。《拉马尔系列》画作描绘了人们习以为常却不曾关注的美国乡村景象。我曾经跟着父亲去拉马尔，坐在山丘顶俯瞰着尼诺沙水库（Nee Noshe Reservoir），讨论砂石路这样简单的景观元素消失在地平线是如此的美丽。在这种时刻，我开始意识到几何线条直穿大地景观所形成的对比，这是对自然景观的尊重与庆贺。我们聊到一片玉米地紧邻着一片麦田所创造的强烈视觉反差。人眼追随着这些人造的直线和形状在地形上起伏，与大片的色彩和肌理相回应。我父亲敬畏地谈起田地上一堆堆卷起的干草堆，我至今仍然觉得这是极简最有力的表现。

年少时期的这些对话影响了我的设计哲学——自然中的极简

和几何。科恩及合伙人事务所的作品常常回应设计场所中独有的农业、历史或区域形态。设计框架往往开始于简单大胆的线条和几何形态，这些都回应着区域的本土元素。我们试图让设计框架越简单越好。每一根线条都有它存在的理由，它们在解决项目功能的同时还要忠于这个场地的故事。一旦我们确立了设计框架，我们将继续简化和推敲。这之后还有一个添加设计要素的阶段，这时我们将对场地进行不同层次的抽象。这个方式在我们最近的马里恩湖住宅项目中体现得十分明显。一系列直线的路径以最少的方向变化和交叉穿过丛林和湿地，以及其他不同的生物群落。这些艺术性的线条是由在场地清理中回收的废旧木料搭建出来的。自然是景观设计中的核心要素，但是我们却从未试图复制自然的复杂性，这似乎是无法企及的。但是，我们的作品通过对比、简化和抽象来展示自然无穷无尽的力量，我们称这个方式为“地域极简主义”。

从拉马尔开回博尔德（Boulder）的路上，沿途景象从农田逐渐过渡到郊区的社区开发。一切原有的形态和线条被从大地上抹去，取而代之以经过计算的新型社区。开发商不曾保留任何原来农田的防风林带、沟渠，甚至一个片段。他们为什么抹去了一切？这些新开发的社区是如此的傲慢，好像在它们之前的土地上的任何痕迹都分文不值。很难相信在这些社区里的居民能感受到与土地的联系。他们是否意识到他们现在居住的地方原本曾是农田、草原或者森林？

在我职业生涯的早期，我与我的合伙人乔恩·斯顿夫（Jon Stumpf）曾受邀设计一个居民区。场地是一片没有被开发的土地，周边是明尼苏达州最有历史的城镇之一——圣克鲁瓦河边的马林镇。杰克逊家族拥有这片土地，他们持续在这里耕种了两代人。乔恩和我徒步穿过了玉米地，在场地的最高处俯瞰脚下的这片草甸。我们感受到了保护这片土地的巨大责任感。与建筑师戴维·萨尔梅拉（David Salmela）和开发商哈罗德·蒂斯代尔（Harold Teasdale）一起，我们形成了一个协定：我们设计的社区要能够让未来的居民与周边环境自然地联结在一起。在我们踏遍整个场地的同时，我们仔细地观察，听从内心的感觉，让土地自己把设计展现出来。我们一直相信任何场地都会与我们交流，只要我们花时间去了解它和聆听它。

我们决定这个社区由两个不同的街区组成：村落和草甸，后者同时也是整个社区的开放绿地。村落社区是由方格网状的街区构成的，回应原有农田的分界线。道路和地块分界线在村落社区中按方格网划分，在草甸街区则向外延伸，顺应地形分布。这样的土地利用形态在马林镇也同样存在，河边的道路顺着圣克鲁瓦河绵延。我们决定把道路布置在地形的低处来保护绵延的山丘，把房屋修建在最缺乏自然价值的地段。这样，大量优质的自然土地被保护下来，供居民欣赏和散步。游步道向公众开放，把居民和访客与他们新的社区连结起来。

与建筑师戴维·萨尔梅拉一起，我们决定把所有房子涂成白色以回应该区域的斯堪的纳维亚历史建筑。在明尼苏达长达半年的多雪的冬天，白色的建筑外墙衬着白雪展现了极简的美丽。每个房子都不足24英尺（7.3米）宽，这样光线能够轻松到达房间的中部。所有的车库都是独立于住宅的，居民可以在进入或者离开家的时候呼吸室外的新鲜空气，与自然和邻居建立更好的联系。所有的建筑都采用1：1坡度的立缝金属屋面，以及竖直或者水平的外墙板。常见的色彩搭配与忠于本土和区域的场地规划，使建筑扎根在场地中。在设计过程的后期，我们决定将一种北美小须芒草（Schizachyrium scoparium）植满整个草原，它曾经就遍布这块场地。这个单一物种的种植相当于我们的干草，白色的房子是我们的干草垛。

搬来杰克逊牧场的人们一般都拥有相似的价值观。居民们热爱他们生活的环境和生态环境，尤其是农田和草原，他们也热爱建筑、艺术和景观。居住区内6英里的公共步道给了居民与访客邂逅彼此的机会，也给了大家热爱自然美景的豪情。正是这些时刻让生活在这里的人们收获了友谊和归属感。

杰克逊牧场是科恩及合伙人事务所与建筑师进行紧密而有意义的合作的起点。在杰克逊牧场，我们在平面和竖向上把每个建筑定位于景观之中。在布置建筑之后，我们与建筑师萨尔梅拉合作创造了一系列从建筑延伸到室外的廊道和空间，强化建筑的线条，而并不是简单地填充它们之间的空间。在设计过程中，我们不断回到场地来测试我们的想法，仔细地研究地形、生态环境和周边环境。这让我们的思绪平静下来，以聆听大地，探索如何更好地展示这片土地的历史与荣耀。

在事务所创立的初期，乔恩和我主要与明尼阿波利斯的几个建筑师合作。但是我仍然不时地去全国各地拜访我们尊敬的建筑师。学习和合作的机会不断扩大，我们结识了越来越多与我们一样的、对真实和鼓舞人心的设计有热情的合作者。与强大的设计团队合作，给我们的设计带来了意义。我们相信，建筑和景观之间应该有不可分割的联系，建成环境和景观之间应该是无缝衔接的。我们的作品从建筑延伸出来，共享一样的材料、形态和几何形体，回应与强化建筑所要传递的感情。我们强化建筑的形态，同时将区域环境的信息进行抽象与演绎。场地与建筑的对话使得建筑与景观的界限模糊，合作的效果实现了。

在城市项目中，我们使用同样的原则，以场地原本的形态作为设计的灵感，然后对自然进行抽象。尽管我们的设计总是基于场地的历史，但我们一直试图创造永恒的作品。我们在这片土地和区域的历史形态和文化脉络中寻找灵感。无论是否有意识，即使生活在城市里，人们也渴望和自然世界建立联系。我们的作品通过一系列简单而大胆的设计，将人和自然联系在一起，为场所带来一丝平静。

例如，在明尼阿波利斯中央图书馆，我们重现了根植于明尼苏达土地的深色地质层次和茂密的白桦林。我们在一个被废弃的采石场里发现了市面上没有的沉积岩石。在图书馆的北侧、南侧和东侧，我们把这些沉积岩以几何的方式层层堆叠起来，它们在彼此之间形成生动的投影效果。一排独干白桦树从沉积岩装置中生长出来，以3英尺（约0.9米）的间距密植。这个设计的目的是勾起来访者有意识或者潜意识的记忆，在他们一天的生活中创造一个可以停留、休息，与自己的感情和环境对话的瞬间。我们与一个灯具厂商紧密合作，设计了一种铝合金制的竖直灯具，与白桦树的树干交相呼应。在图书馆的北侧，一条长达76英尺（约23米）的铝合金座椅给人提供了舒适的休息和沉思场所，在明尼阿波利斯最忙碌的街道上留下了投影。我们对于细部和工艺的关注是形成极简的一个重要要素。然而，我们对细部的设计如此紧密地与空间融为一体，以至于人们很难察觉到。

成立于1991年的科恩及合伙人事务所（原来叫作“科恩+斯顿夫”）有五个原则：1.只做可以实现的项目。2.花大量的时间熟悉每一个场地。3.在环境中寻找灵感和联系。4.只与伟大的建筑师合作。5.创造对人有意义和影响的作品。

我们仍然秉持这些原则，但是现在的我们处于一个向公共项目转型的节点上。在事务所成立的这些年，我们的关注点一直是私人住宅和社区开发项目，但是现在，我们更加关注公共项目。我们立志未来在全国乃至全世界范围内建造对人和社会有意义的场所。

我们相信，设计可以在各个层面上得以实现，不论是一条步道、一系列台阶、一堵墙、一个栏杆、一个广场、一条人行道、一个街区、一个社区，还是一座城市。只要这些元素与它的环境和场所保持紧密的联系，只要它细部的设计讲述同样原真的故事，这样的景观就可以与体验它的人形成共鸣。

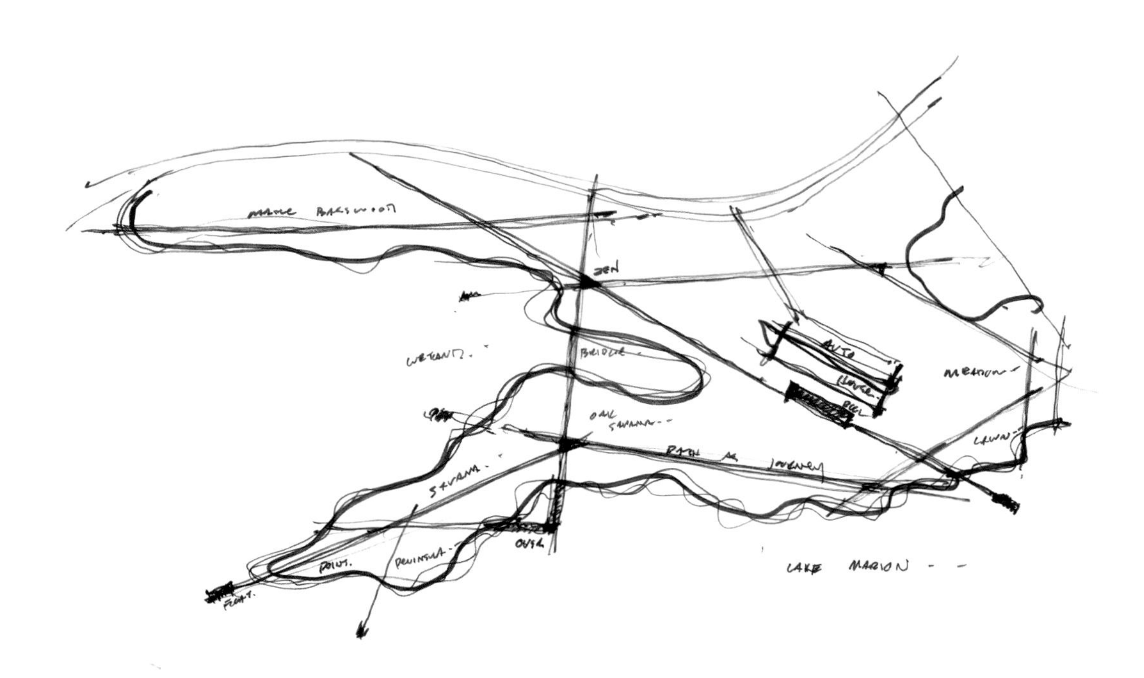
ZEN
BRIDGE
OAK SAVANNA
SAVANNA
PATH & JOURNEY
AUTO
HOUSE
MEADOW
LAWN
POINT.
PENINSULA
LAKE MARION

描绘的自然

草甸 | 森林

杰克逊牧场

Jackson Meadow

圣克鲁瓦河边的马林镇，明尼苏达州

Marine on St. Croix, Minnesota

杰克逊牧场是一个经过总体规划的社区，坐落于历史城镇圣克鲁瓦河边的马林镇周边。它的场地拥有365英亩（约150公顷）的田地和林地山丘。这个项目在传统斯堪的纳维亚乡村风格的基础上创造现代的社区，同时保护场地的乡村景观。

64户居民散布在自然价值最普通的40英亩土地上，其他的林地和水塘被保护为开放空间。社区的布局取自于圣克鲁瓦河边的马林镇的城镇布局，中心的房屋都环绕着一个村镇中心，按方格网布局，周边的道路和土地则沿河流有机分布。一条连接着所有住户的环路被规划于场地的低点，保护了起伏的地形。与建筑师戴维·萨尔梅拉一起，我们开发了一系列建筑原型，这些原型遵循了这个区域传统的斯堪的纳维亚房屋的比例、大小和材料运用。建筑的布局像镜框一样聚焦人们的视线，创造了聚集的场所。整个场地只种植了一种植物——北美小须芒草，给所有的建筑提供了一个统一的地平面。一条对公众开放的步道系统绵延穿过草丛，将杰克逊牧场与威廉·奥布赖恩（William O'Brien）州立公园、周边的社区以及圣克鲁瓦河边的马林镇城镇中心联结起来。

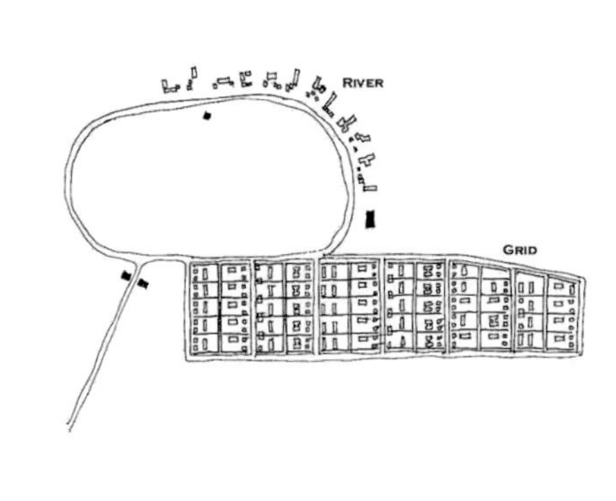

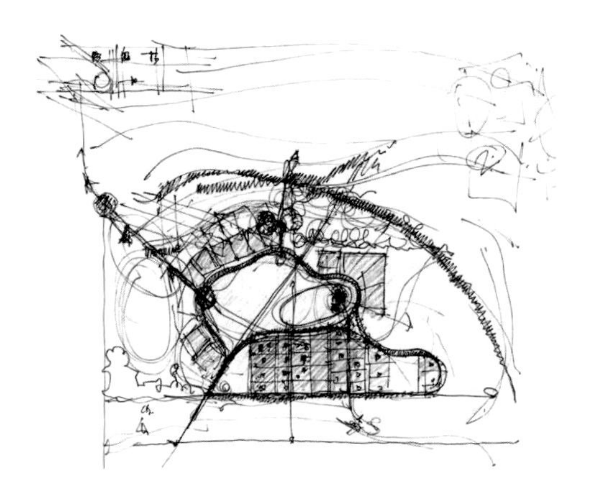

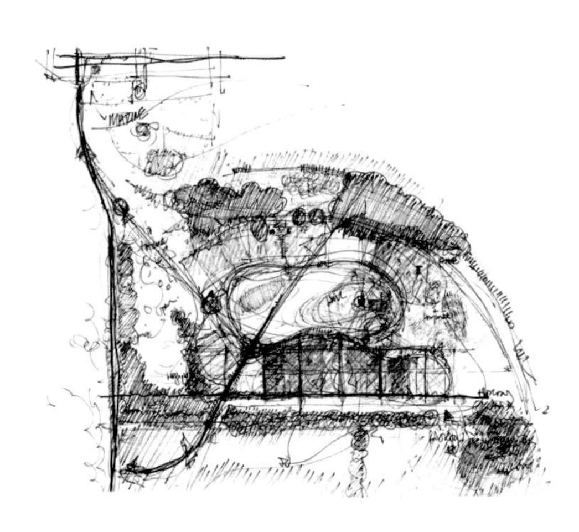

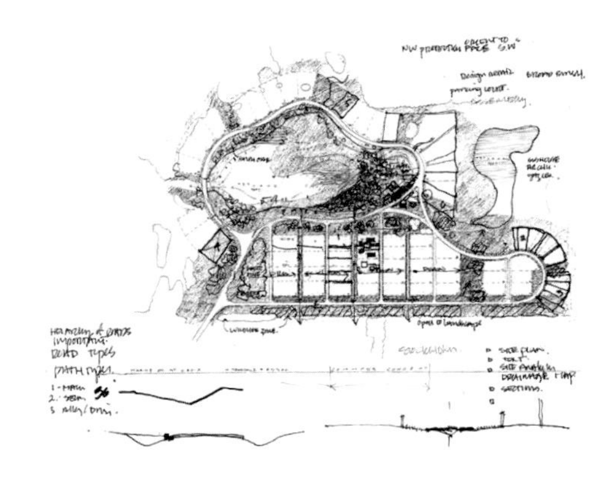

对页上图：开发前的杰克逊农场

对页下图：明尼苏达州圣克鲁瓦河边的马林镇城镇中心

MARINE ON ST CROIX
GENERAL STORE
OUR GOAL
$950,000
ST CROIX AREA
United Way

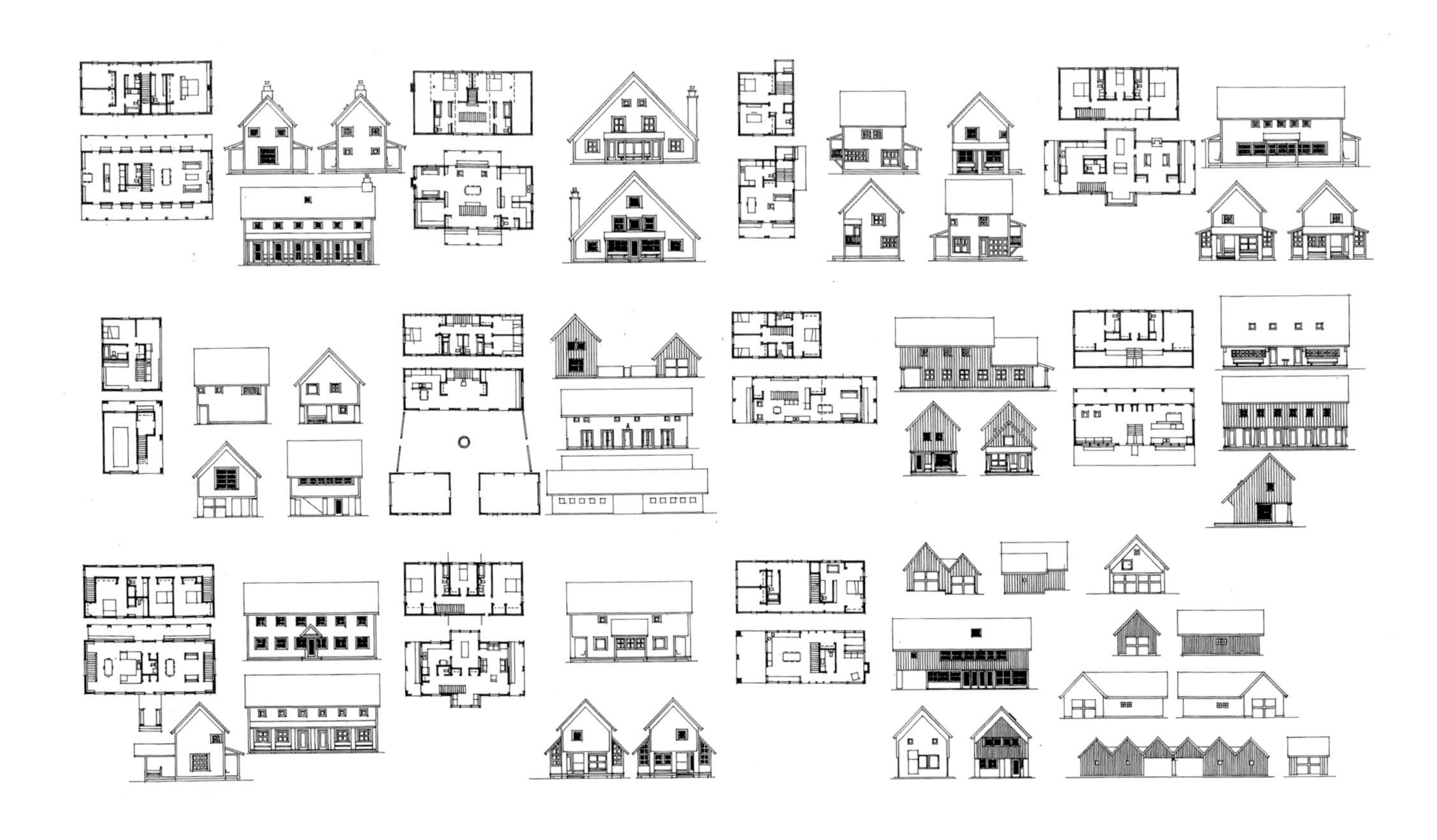

ROADS

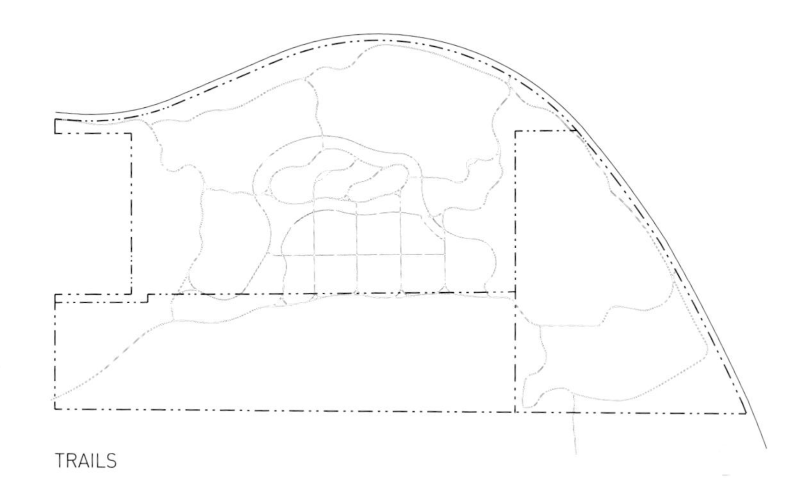

TRAILS

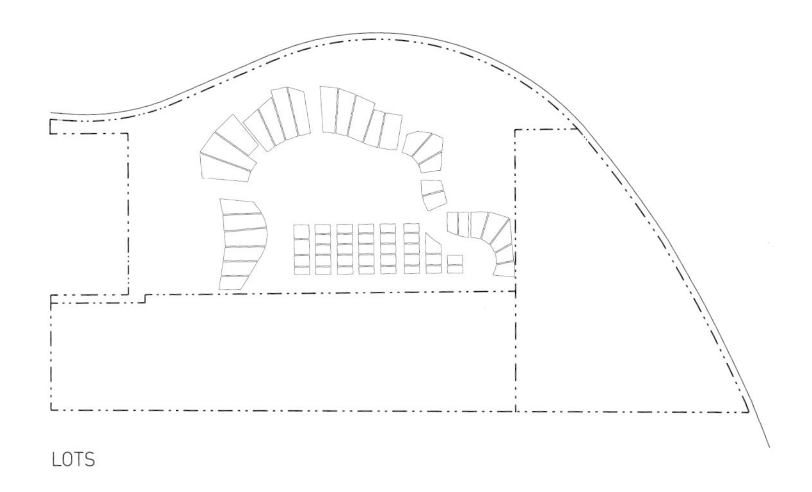

LOTS

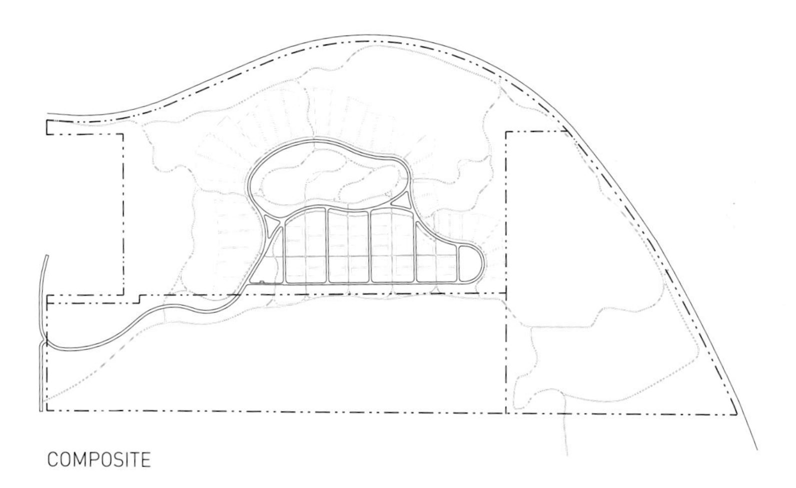

COMPOSITE

0 1500'

阿尔布雷克特住宅
Albrecht Residence

雷德温，明尼苏达州

Red Wing, Minnesota

阿尔布雷克特住宅位于石灰岩的峭壁之上，坐拥密西西比河壮阔的景色，坐落在一片成熟森林之中。它的场地极为狭长，从远处一望无际的农田过渡到深达70英尺（约21米）的河谷。通过与建筑师戴维·萨尔梅拉的合作，我们将住宅和一个花园木屋定位于场地之上，最大化地利用了河景，保护了大多数成熟树木。

一堵青石墙标志着从省道进入住宅的入口，把人的视线指引到远处平坦而广袤的农田中。进入花园木屋的车道是由两条狭窄的碎石带铺成的，直穿入高大的丛林深处，回应场地及其周边更大范围内的原汁原味的乡村特征。椭圆的青石树池环绕着一棵洋白蜡树（Fraxinus pennsylvanica），它突出于车道之上，优雅地平衡着铺地和建筑的体量。从前院开始，青石墙体和木廊道不仅指引着行人走向住宅的正门和临河的平台，而且形成了对洋白蜡树、花园木屋以及远处松林的框景效果。建筑向后延伸出平台和草坪，成熟的树木和远处整个河谷在此一览无余。

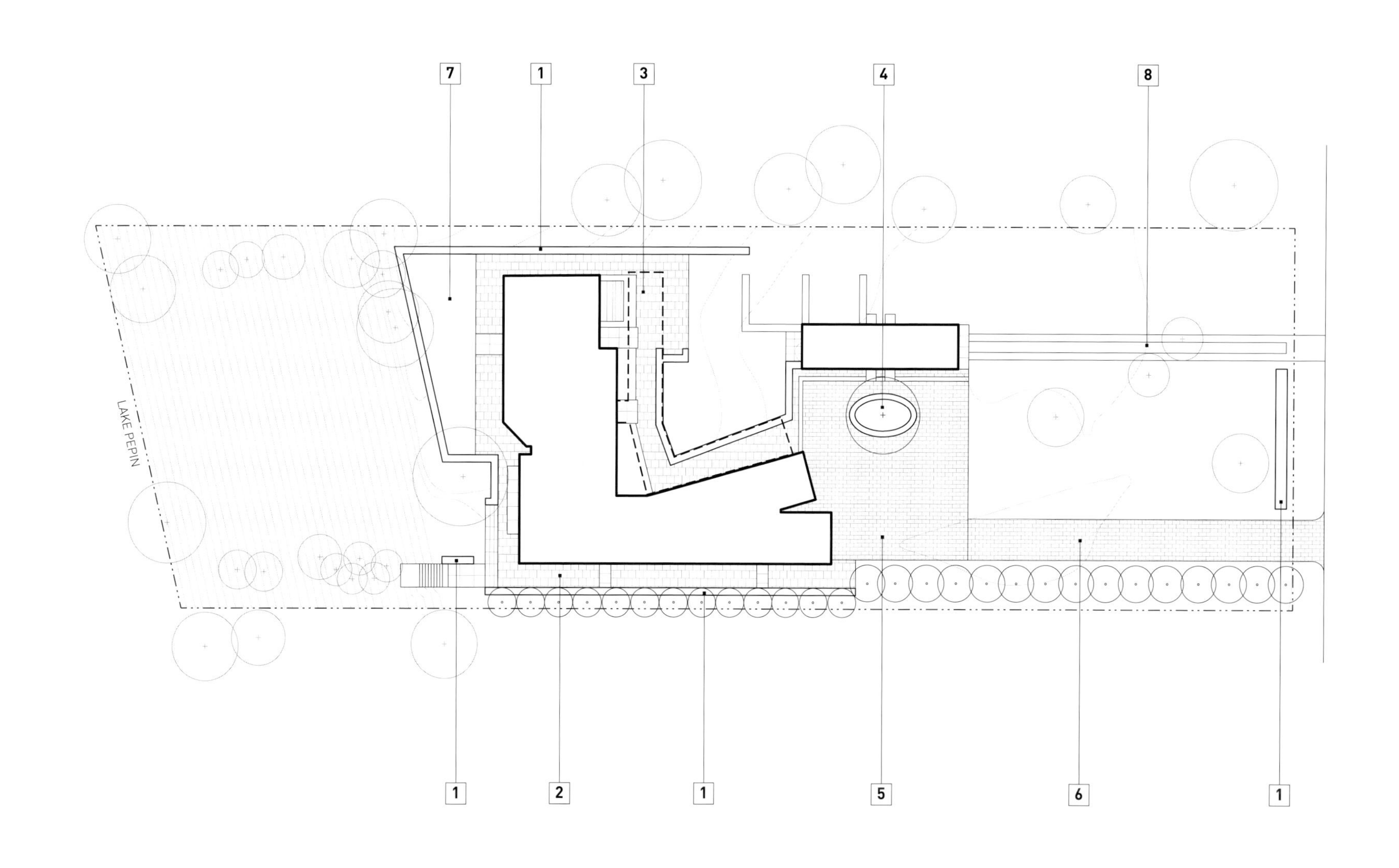

1. 青石墙
2. 混凝土铺地平台
3. 廊架
4. 树池和保留的洋白蜡树
5. 前院
6. 入户车道
7. 草坪
8. 碎石铺成的车道

马里恩湖住宅
Lake Marion Residence

伍德兰，明尼苏达州
Woodland, Minnesota

马里恩湖住宅22英亩（约8.9公顷）的土地给人提供了穿越湿地、残留的橡树稀树草原和原始枫树椴木林的体验。客户最初提出的要求是能够进入场地，有机会欣赏多样的景观。设计的概念始于一个简单的想法：创造一系列互相联系的直线步道，无间断地延伸到越远越好。这个概念的主要目的是强调不同生态区域内的地形变化，强化它们之间的转化。如何演绎这些直线的交会和聚集成为项目的核心。

交会的区域是人们集聚或沉思的地方。每个交会点都有不同的功能、几何布局和特殊的种植设计，这些都源于它所栖息的生态区域。例如，一个禅修花园、一个浮动的吊床、一个嵌在地面的火塘、一个雕塑性的地形，以及其他休息区域。在这些交会处，道路转变成了墙、下沉的区域和座椅。当道路跨越水池的时候，它的材质转化成架起的木栈道。当道路结束在枫树椴木林中时，直线通过艺术装置向外延伸，这些艺术装置由场地重整时砍掉的树枝构成。它们总长超过了1000英尺（约305米）。项目的另一个重点是对整个场地和湿地的综合生态修复。这些重要的设计策略显示了场地独特的多样性，让它回归了原有的辉煌。

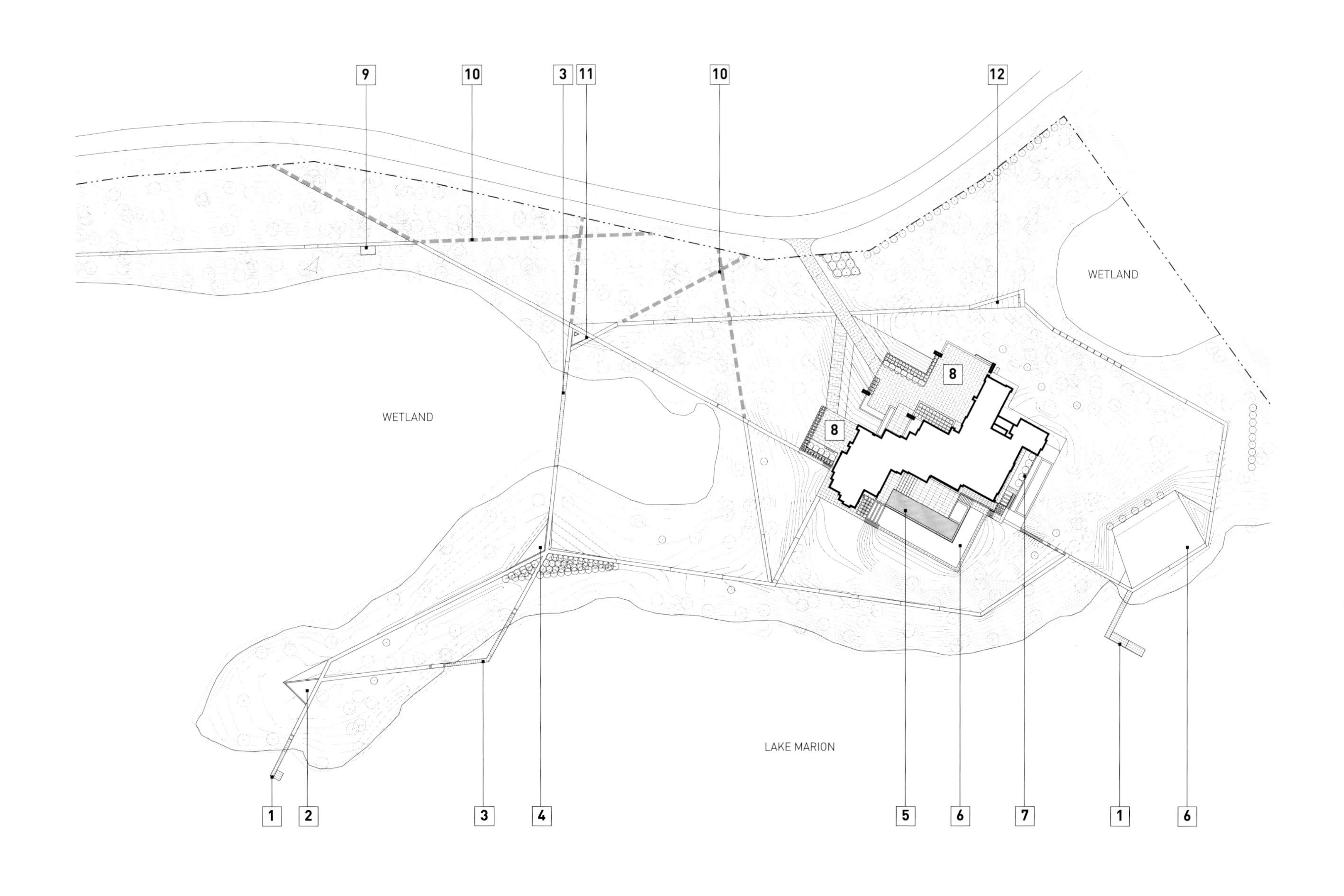

1. 码头
2. 半岛上的火塘
3. 木栈道
4. 三角休息区
5. 游泳池
6. 草坪
7. 下沉花园
8. 车院
9. 森林吊床
10. 艺术装置
11. 禅修花园
12. 湿地观景台

沃罗德边检站
Warroad Land Port of Entry

沃罗德，明尼苏达州
Warroad, Minnesota

位于明尼苏达州的沃罗德边检站是美国和加拿大边境陆地口岸的门户。边检站的建筑和景观坐落于开阔的阿格西湖（Lake Agassiz）冰川平原和明尼苏达州北部的劳伦系森林（Laurentian mixed forest）区域。一系列水平的设计凸显了边检站附近独特的地域特色。它强化了穿越和路过的感受，强调了可持续发展，满足了边检站对安全、交通和运行的需求。

简单、重复和统一的形态是总体的设计目标。单一的片岩堆叠在建筑的周边，这片区域不能让人停留，需要给边检人员保持良好的视线。片岩和混凝土的区域有明确的边界，强调场地流线和速度的变化。深色的建筑墙面边上，白桦树和本土的景天类植物生长在片岩叠石的夹缝中，它们明亮的颜色和质感在单一的背景下越发出跳。一丛美洲落叶松从场地边缘的片岩叠石中生长出来，使场地和周边的针叶沼泽融为一体。建筑和停车场的雨水被回收在一个过滤系统中，本土的湿地草原植被形成了人造湿地。运用本土植被类型的策略免除了场地长期维护的需求，同时也向中西部北方的区域景观表示致敬。

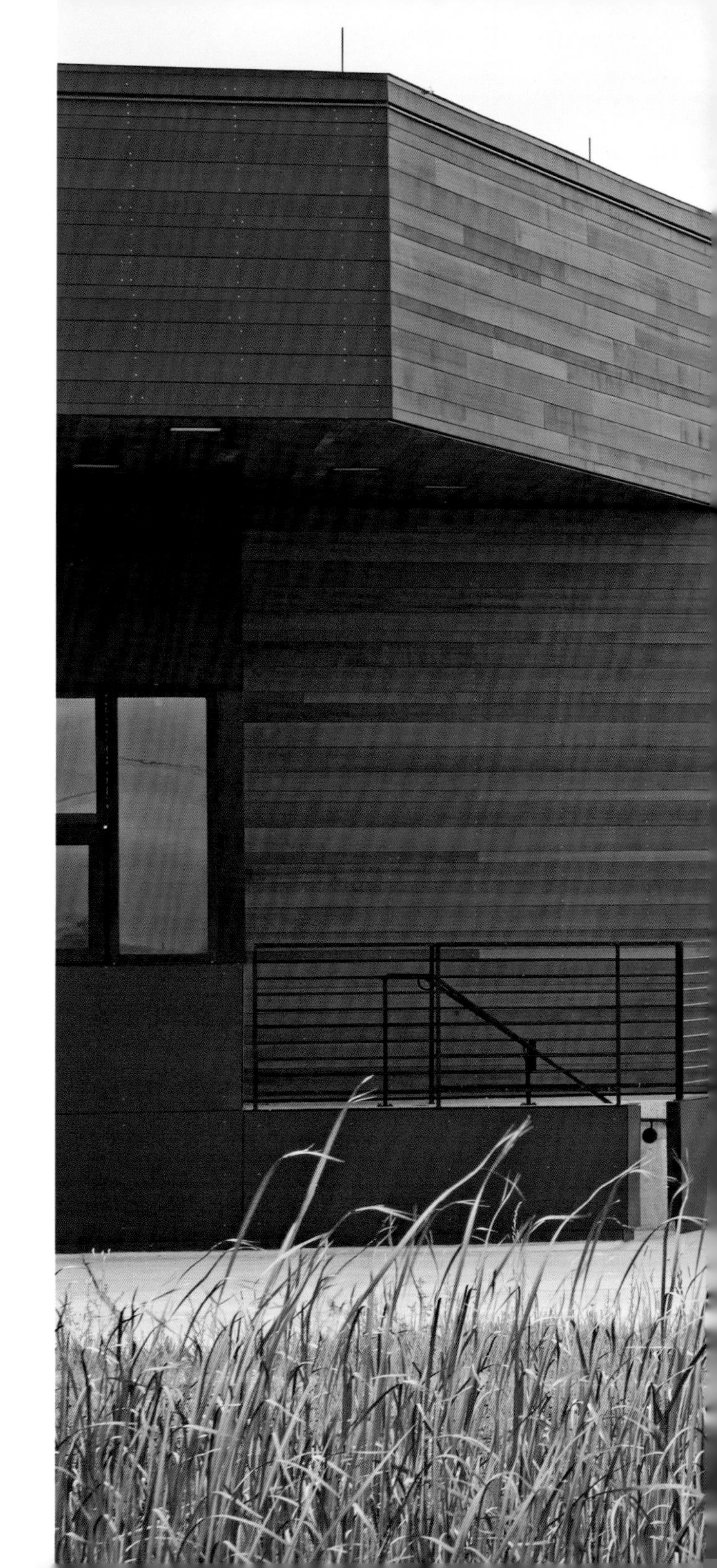

PRENTICE

7
6
5
4

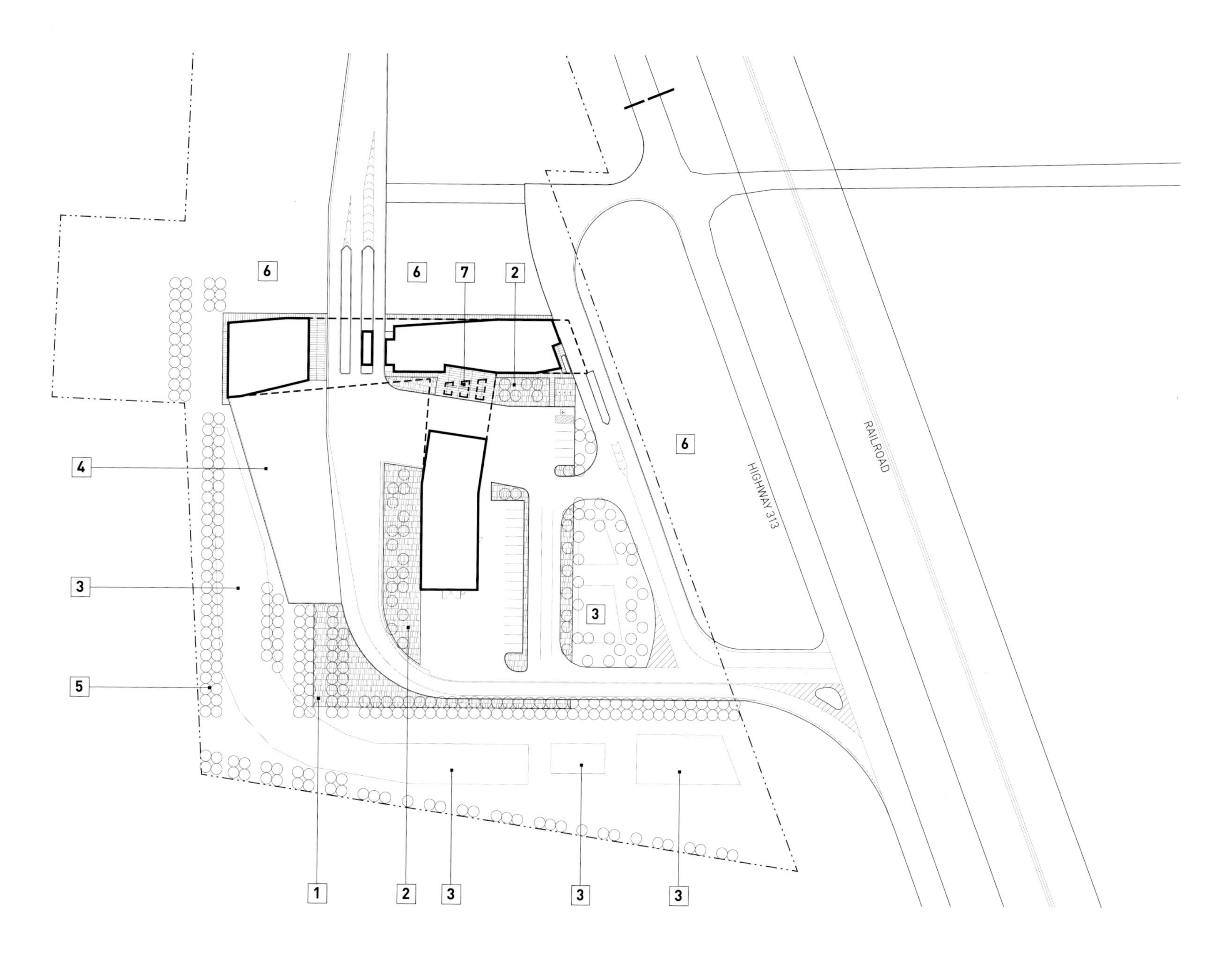

0 150′

1. 片岩叠石和美洲落叶松
2. 片岩叠石和白桦树
3. 湿地雨水收集
4. 混凝土铺地（停车场）
5. 美洲落叶松林
6. 草原草甸种植
7. 木座椅

梅奥林地
Mayo Woodlands

罗彻斯特，明尼苏达州

Rochester, Minnesota

梅奥林地是罗彻斯特西南部的一个规划住区。梅奥家族拥有这片土地，它由220英亩（约89公顷）的农田和起伏的林地组成，承受着逐渐逼近的郊区扩张压力。这个120户的规划住区已经进行了传统的土地细分规划。地块、退线、道路、道路红线、设备红线等已经被制定好了。

这个项目的主要目标是运用景观来掩盖现有的基础设施，把它和新社区的体验融合在一起。设计方案是由5英尺（约1.5米）高的原生草种覆盖整个场地，就像曾经满铺场地的玉米地一样。每户建筑前面有一小片平整过的草地。然后场地将由成行的松树、围栏、石墙和木隔断分隔。这些线性元素切割出来的方格网将与原有规划中蜿蜒的道路和尽端路形成强烈的对比。房子是由阿尔特斯（Altus）建筑事务所和戴维·萨尔梅拉设计的。它们的朝向都是正南北，最大限度地获取冬日的太阳能。

场地依照原有植被类型分为三个区域：森林、乡村和草甸。在森林区的每个地块，都将尽可能地保护树木，只平整出一块圆形的住宅用地，将小而透明的房屋置于其中。为了增添开阔平坦的乡村区的趣味，中西部特色的防风带被用来划分出不同的空间。在更加线性的草甸区，场地的形态呈带状，回应着曾经存在于这片区域的农田形态。这个规划的结果是一个强化土地原有特征且又具有生态效益的景观系统和建筑类型，为美国郊区传统的尽端路社区设计提供了一条与时俱进的新道路。

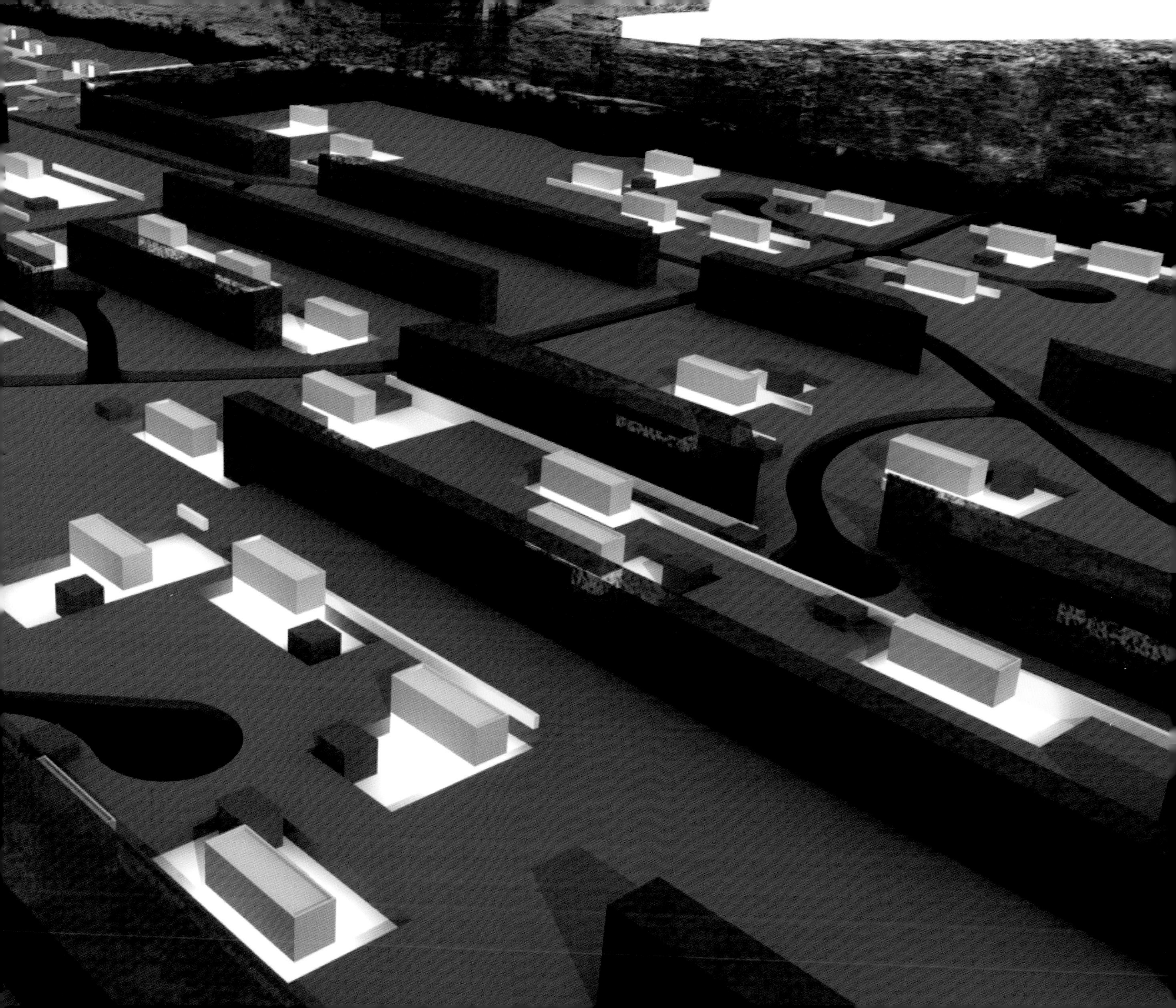

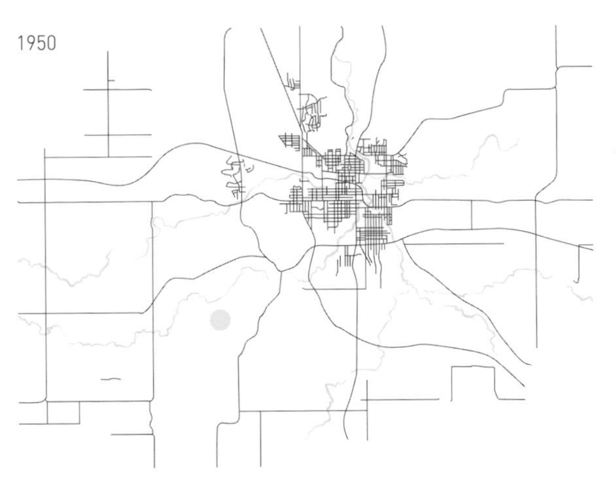

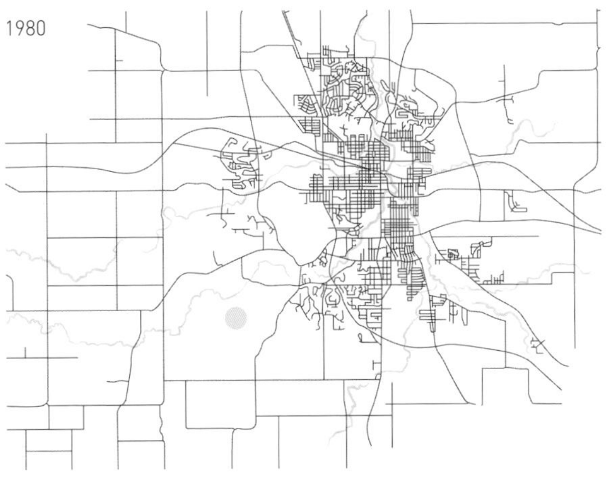

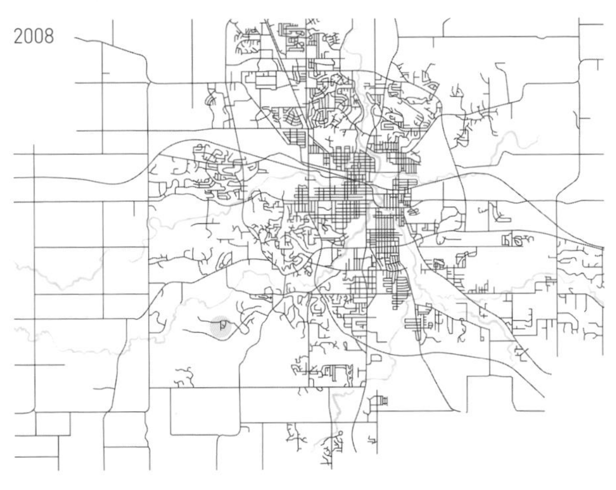

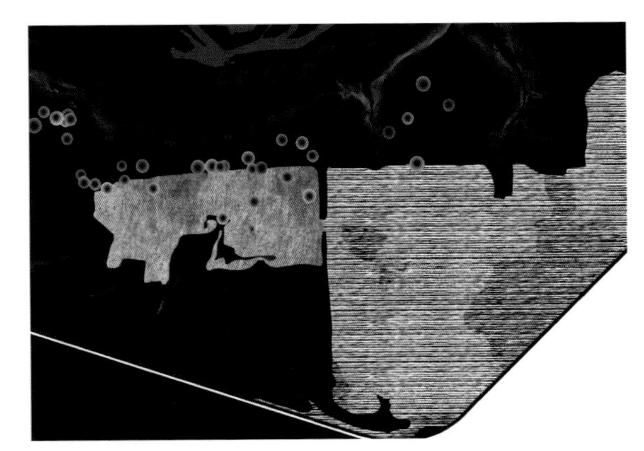

曾经存在的场地元素包括树林、草甸和有东西向犁痕的农田

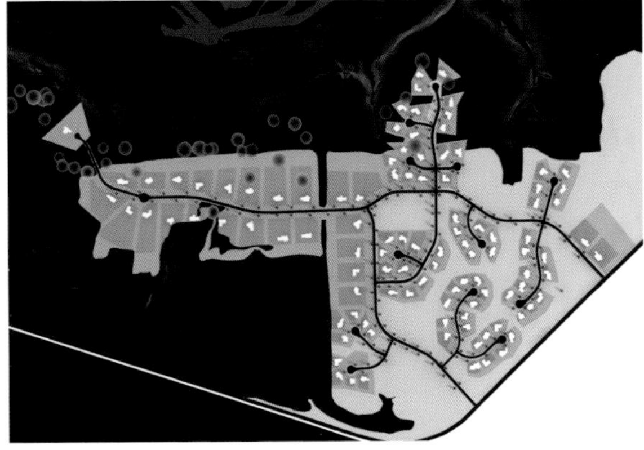

已经被批准的工程师设计的区块图并没有回应曾有的场地元素或罗彻斯特的历史开发形态

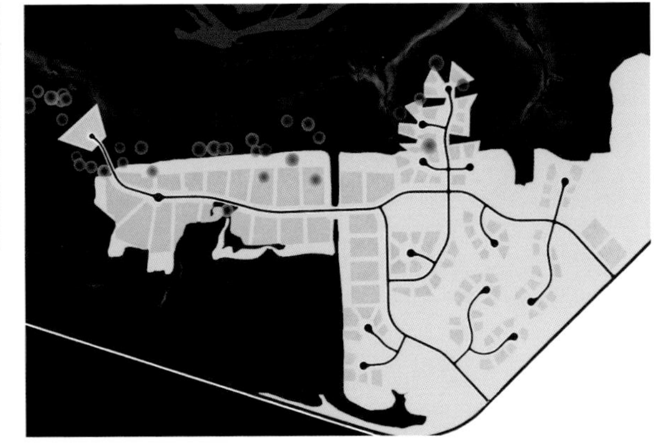

在规划方案中，整个场地覆盖着草甸，消除了地块的边界，回应场地原有的农业传统

在原有地块的限制中，正南北的建筑及景观用地被规划出来

红松组成的防风林强化了东西向的犁痕和主要的森林边界

围栏用来引导居民通往公共空间，加强邻里交往

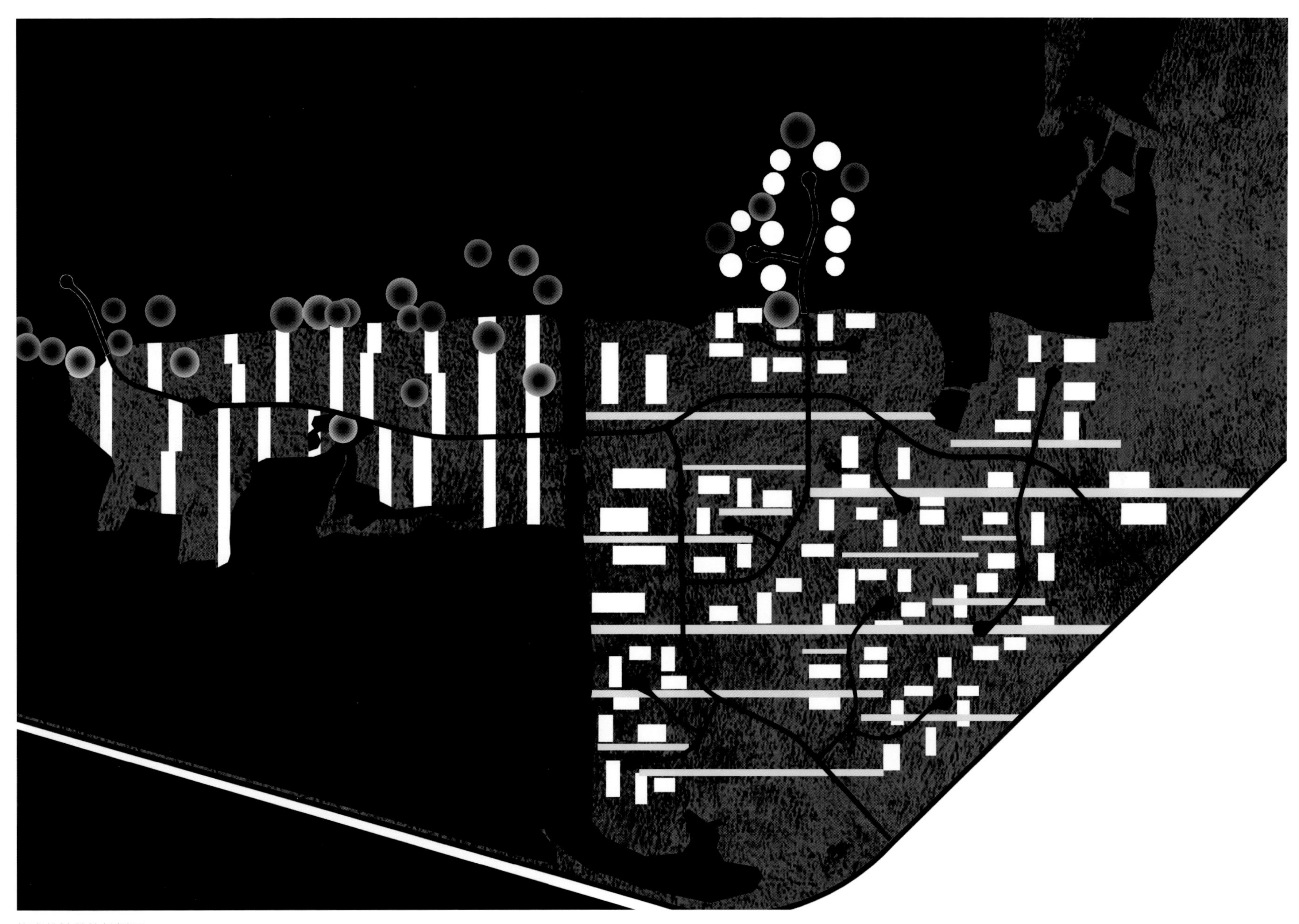

梅奥林地总体规划图

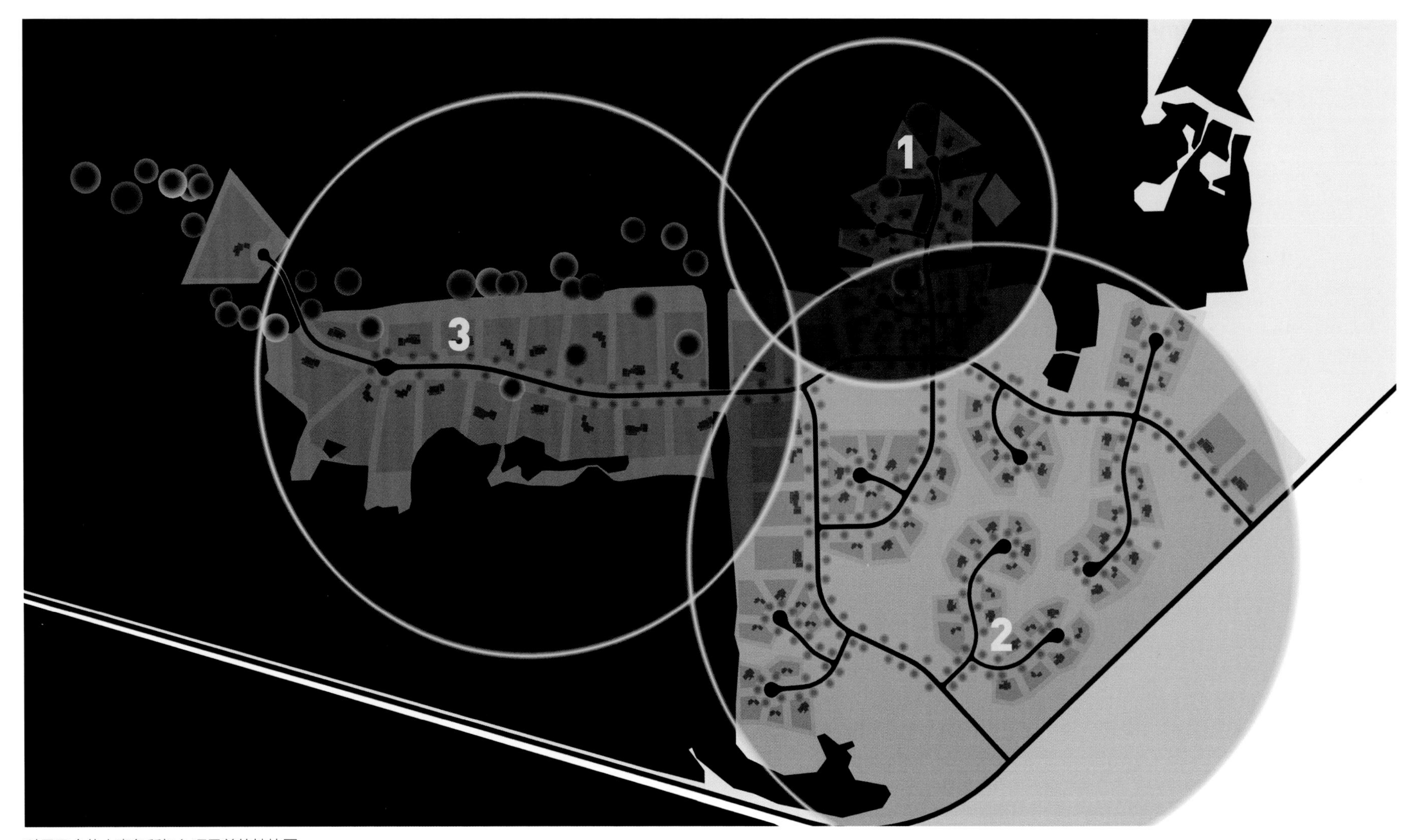

科恩及合伙人事务所加入项目前的地块图

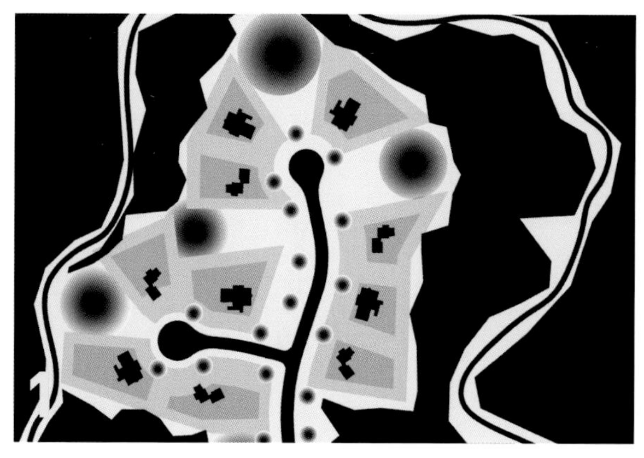

1a. 工程师规划图中的森林社区

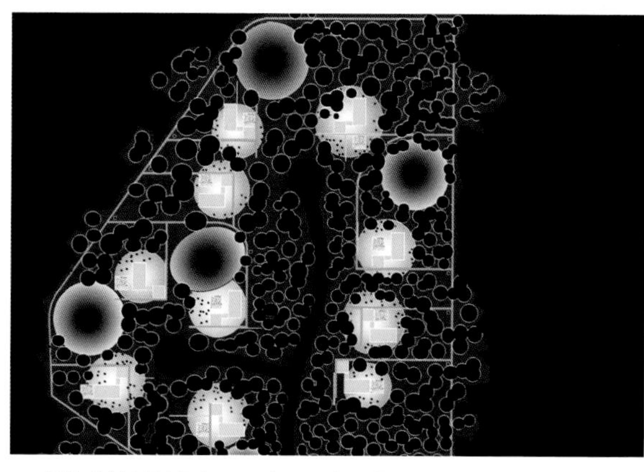

1b. 场地中的树被保存了下来。开发所带来的环境影响被最小化

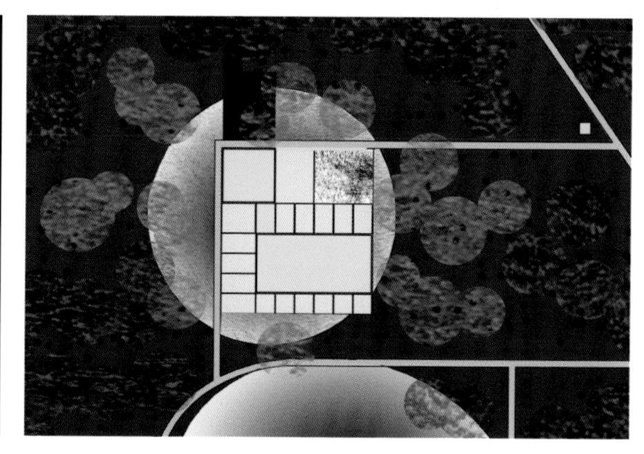

1c. 圆形的建设用地回应地质的天坑（sinkhole），产生了独特的室外空间

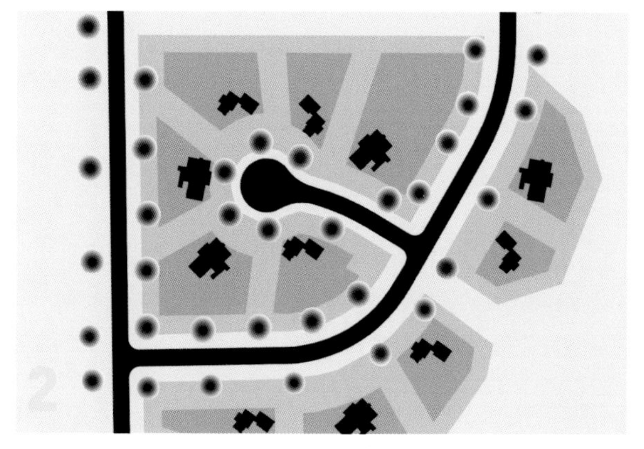

2a. 工程师规划图中的乡村社区

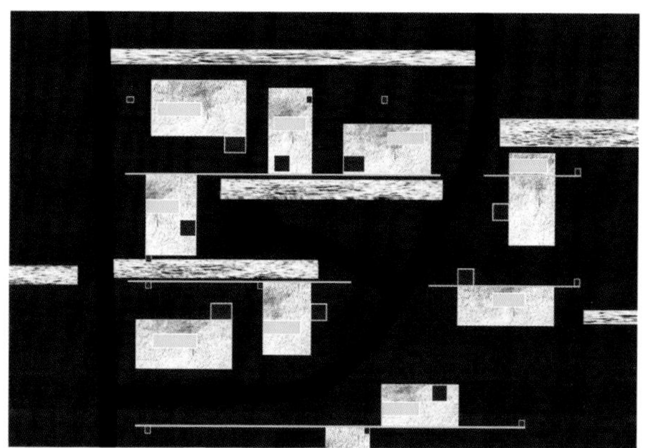

2b. 场地建筑的布局回应农户的院落布局和防风林

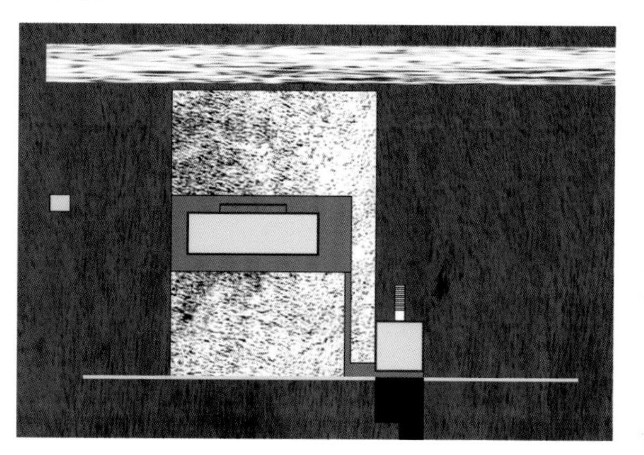

2c. 统一的建筑朝向最大化地利用太阳能

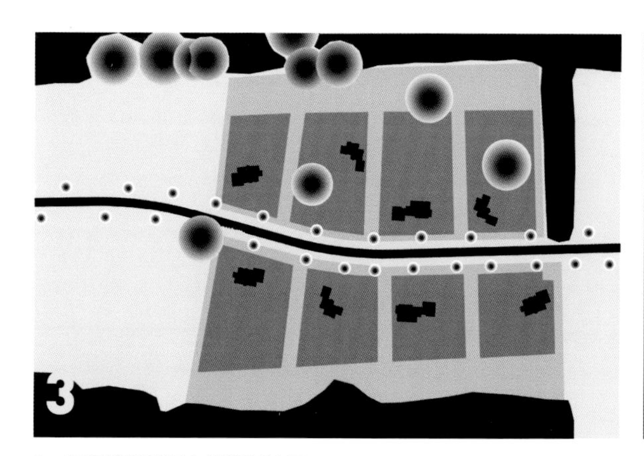

3a. 工程师规划图中的草甸社区

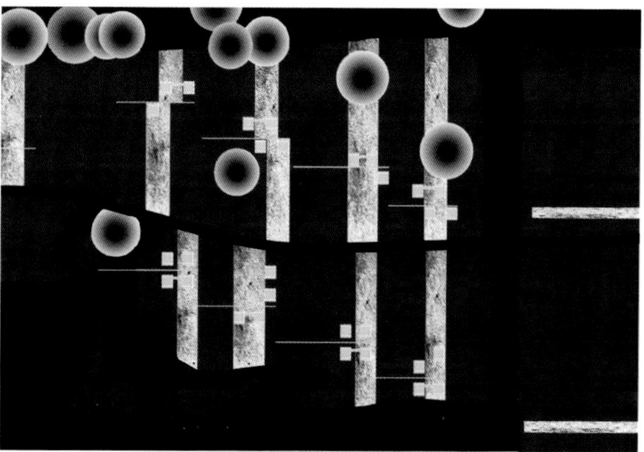

3b. 线性的草坪形成了连接树林边缘的通廊

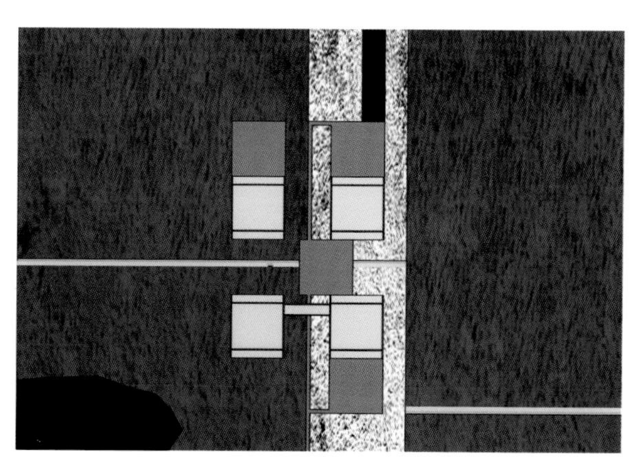

3c. 正方形的建筑正交分布或拼凑在一起，形成了院落空间

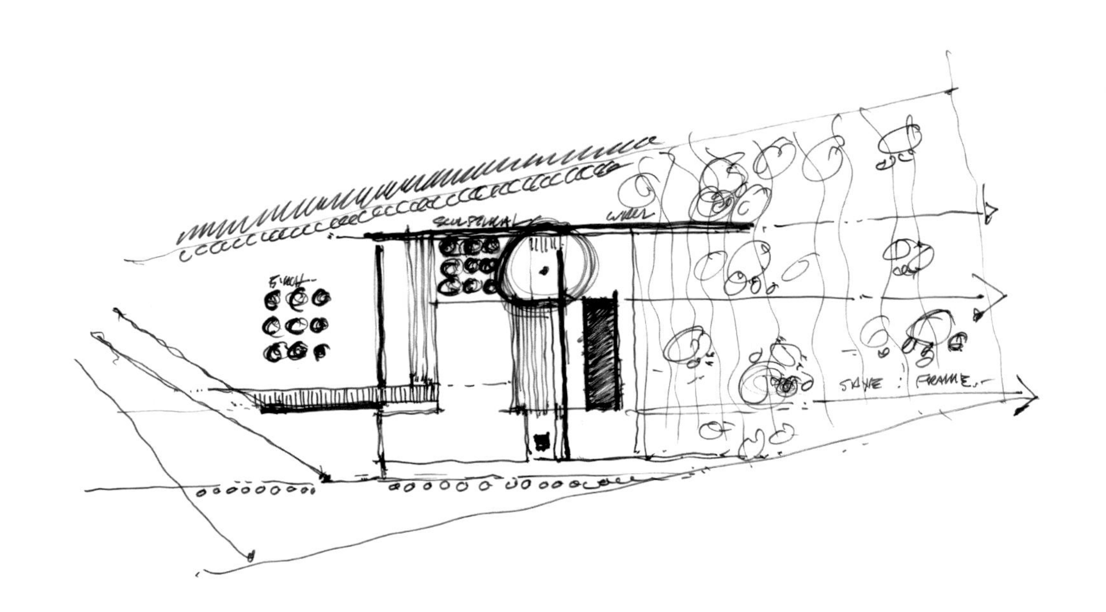
FRAME.

提升的视线

湖岸 | 河谷

斯佩克曼住宅
Speckmann House

圣保罗市，明尼苏达州

St. Paul, Minnesota

斯佩克曼住宅项目是对已有的现代主义住宅的景观改造。原住宅是在1956年由一个明尼苏达大学的建筑学教授设计的。场地坐落于高地，拥有明尼苏达河谷的河景。景观的设计迎合了20世纪中叶现代建筑的简约、透明和水平。

一系列墙体将建筑稳固在地面上，强化了住宅的水平延伸，创造了一系列相连的室外空间。一道垂直于住宅的混凝土墙将前院和入户道路分开，让水平的草坪延伸到住宅门前。第二道平行于建筑的墙体标注了建筑的入口空间。后院的另外两面墙让建筑的地面延伸到不同层的平台，层级叠落向成熟的橡树林和原处的河谷。一道长达105英尺（约32米）的锈钢板墙延伸在地段的东侧边界，它锈蚀的暖色回应着住宅上木材的颜色。墙的高度保持一致，为层层室外空间形成了恒定的背景。其他墙的材料都很中性，木纹混凝土的细腻质感增添了一丝暖意。在由墙、树木和建筑限定的空间里，人们可以在不同的空间里自由地行走，正如这个20世纪中叶现代建筑的室内空间一样。

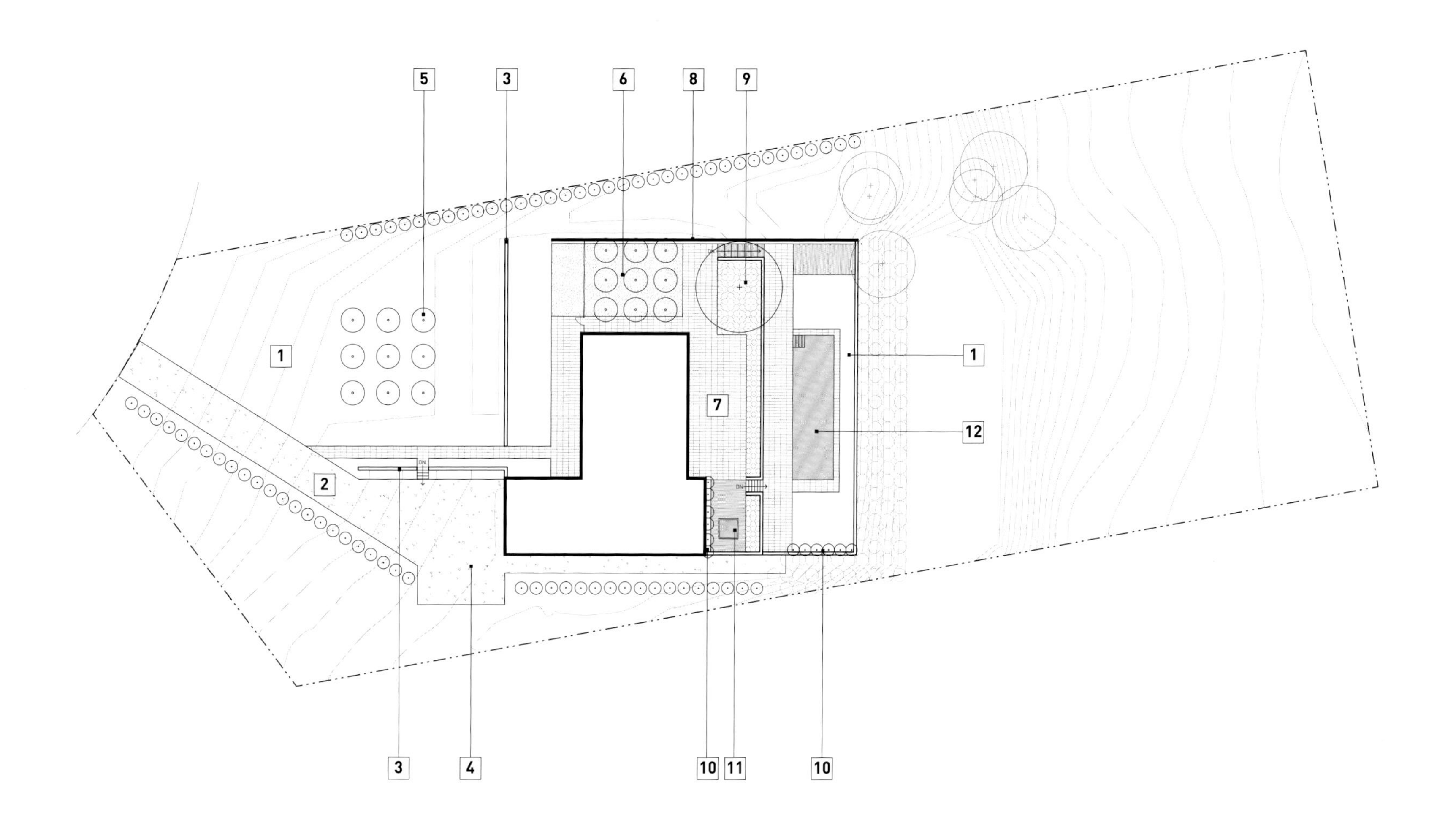

1. 草坪
2. 入户车道
3. 混凝土墙
4. 车院
5. 白桦林
6. 海棠林
7. 台地
8. 锈钢板墙
9. 保留的白栎树（Quercus alba）
10. 扁平生长的苹果树
11. 室外浴缸
12. 游泳池

哈林顿住宅
Harrington Road Residence

威札塔，明尼苏达州
Wayzata, Minnesota

哈林顿住宅坐落在一个半岛上，这个住宅的建筑和景观面向尺度巨大的明尼唐卡（Minnetonka）湖，湖景一览无余。场地有戏剧性的高差变化，我们与建筑师合作，将住宅的主要楼层置于场地的最高点，以抓住最好的湖景，同时将底层与周边的其他地形联系起来。

长长的入口车道蜿蜒曲折，在树丛中攀升至前院的平台。透过透明的建筑入口，树丛所形成的幽闭感与广阔的湖景形成强烈的对比。一系列几何形的草地、草甸和平台在不同的标高上，给人们从不同视角欣赏湖景的体验。两排白桦树沿着建筑延伸到湖岸，创造了与广阔湖景相反的亲密尺度。它的终点是船房屋顶的室外休息区。

石灰石的收边更体现了几何形体的精致和细腻。由上向下望的时候，它们产生了一系列交叉的线，将视线引向远处的水面。

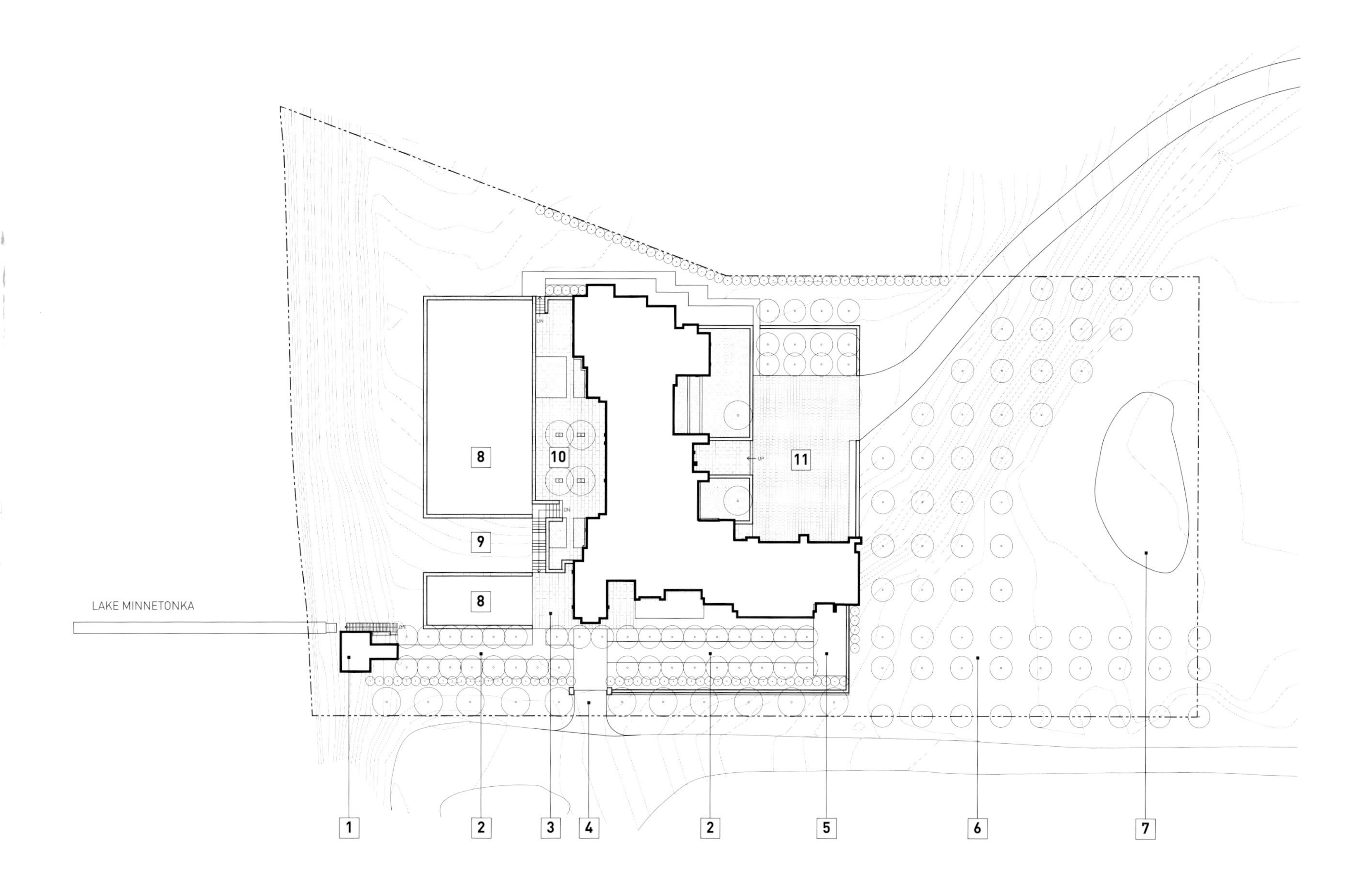

1. 船屋及屋顶露台
2. 林荫道
3. 低层平台
4. 服务入口
5. 低层车院
6. 白桦林
7. 雨水收集池
8. 草坪
9. 本土草种植
10. 上层平台
11. 入口前院

芬代尔住宅
Ferndale Residence

威札塔，明尼苏达州
Wayzata, Minnesota

这座历史府邸运用了精致的材料和简单的形体，它向宏大的明尼唐卡湖张开双臂。景观的设计是为了展示和欣赏艺术品，它本身也成为艺术的一部分。

入口庭院与受希腊影响的建筑建立了直接的关系。白色花岗石铺地、修剪整齐的黄杨木树篱、靠墙扁平生长的苹果树，是对历史形态和图案的现代诠释。入口台阶沿袭了建筑立面的线性元素，形成了对外邀请的姿态。

两个尺度亲切的内向庭院巧妙地平衡了建筑的体量，树冠营造了不断变化的光影效果。两个庭院的铺地、墙面和细腻的水墙都用同样尺寸和表层处理的石灰石建成，不同的是庭院的布局和植被。东部的庭院不对称且精致，如同抽象的白桦林。西部的庭院由苔藓铺成，有四棵对称的树木。后院，黄杨木树篱和石灰石座椅简单而现代的形体与古典的围栏相对比，一起叙述这个住宅的宏大和湖面的平静。

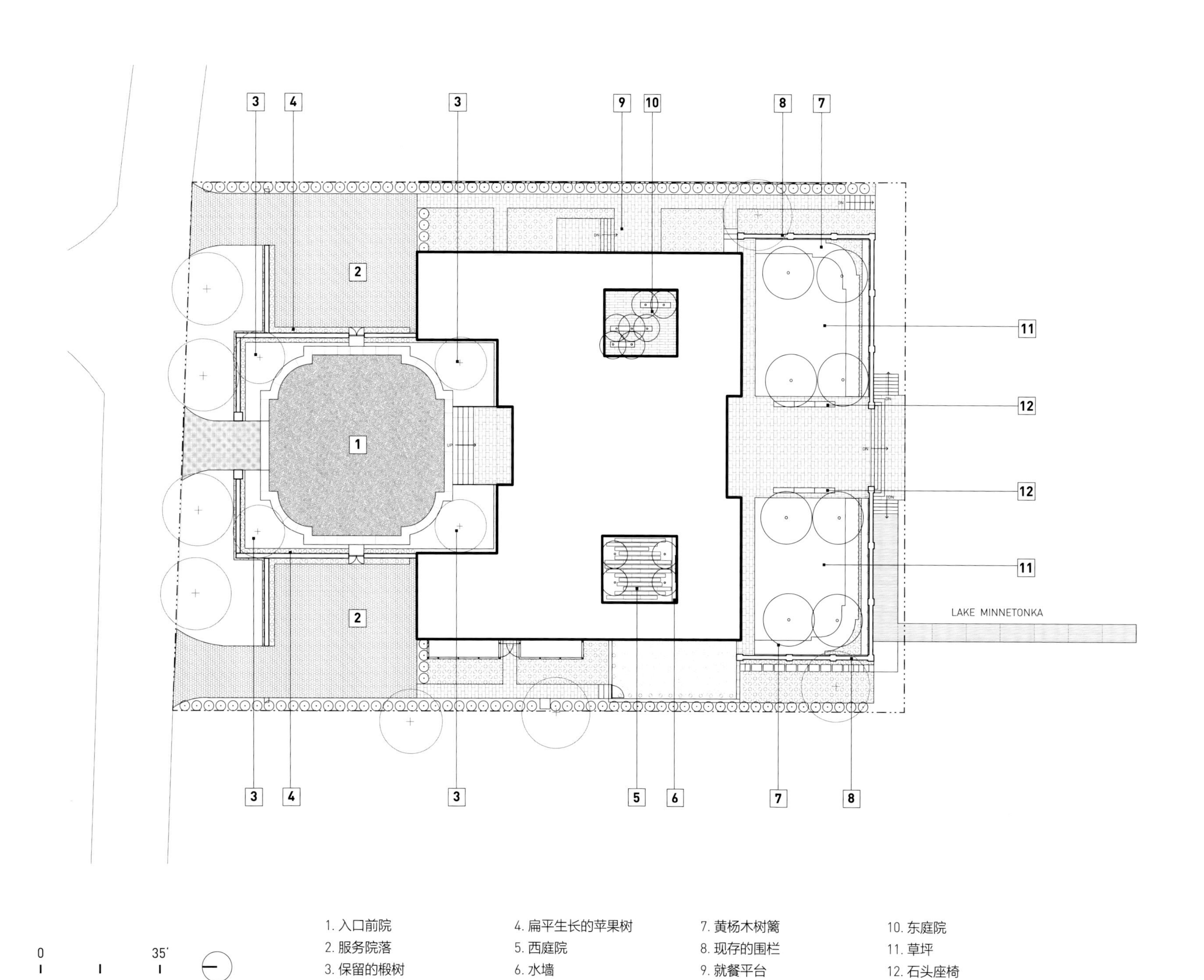
LAKE MINNETONKA
0
35'
1. 入口前院
2. 服务院落
3. 保留的椴树
4. 扁平生长的苹果树
5. 西庭院
6. 水墙
7. 黄杨木树篱
8. 现存的围栏
9. 就餐平台
10. 东庭院
11. 草坪
12. 石头座椅

卡尔霍恩湖畔住宅
Lake Calhoun Residence

明尼阿波利斯，明尼苏达州

Minneapolis, Minnesota

这个住宅坐落于卡尔霍恩湖的最南侧，拥有面向明尼阿波利斯市中心的景色。为了利用场地由南向北叠落的地形，建筑被置于高点，充分利用朝向市中心的景观面，同时又避免了前景道路和沿湖步道的嘈杂。我们创造了一系列特征和功能各异的景观空间，它们通过材料、形态和人的流线统一起来。

特别定制的柚木大门沿入口墙面向两边滑动，强调建筑水平的线条。一系列内部的墙面进一步划定了场地的界限和私密的景观空间。墙面粗糙不平，用来凸显其材料质感。一道道墙面引导人们进入巧妙安排的功能区域：游泳池、室外就餐空间、聚会空间和安静的休闲空间。游泳池位于住宅北侧平台的边缘，与湖面和远处的天际线形成了紧密的视觉联系。室外厨房和铜制的火塘成为视线的焦点。临近的花园院落由成排的绿荫组成，包括日本红豆杉和白桦树。这个庭院的视线尽端是一堵有质感的石墙，遮挡了游泳池的设备和服务入口。景天类植物和木质平台位于屋顶平台上，将湖景充分纳入设计中。

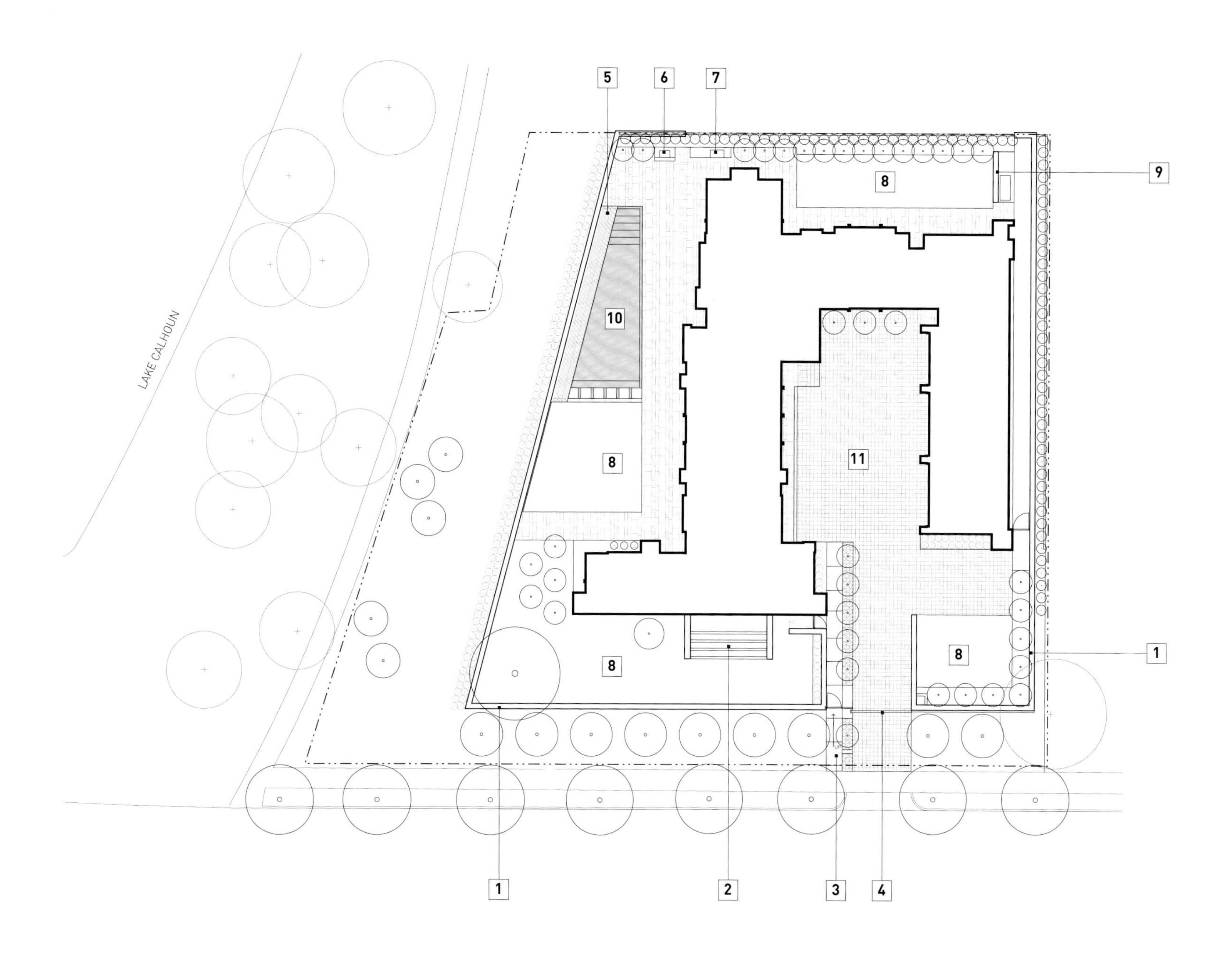

1. 石灰石墙
2. 台地花园
3. 入口台阶
4. 入户大门
5. 游泳池平台
6. 火塘
7. 室外厨房
8. 草坪
9. 景观墙
10. 无边泳池
11. 入口前院

亚利桑那住宅
Arizona Residence

天堂谷，亚利桑那州
Paradise Valley, Arizona

这个住宅朝向景色优美的天堂谷，有着融为一体的室内外居住体验，犹如沙漠中的一片绿洲。项目的用地在山腰上，景观的设计将地段和周边的自然地形融合在一起。这个标志性的建筑有“开放的两翼”，两个悬挑的平台为远处的山峰形成了景框。景观材料的运用极为简洁，由石灰石和浅灰色的花岗石组成，平衡了建筑的材料和形态。住宅的核心区域与泳池平台和无边泳池相连。泳池的反射为优美的景色形成了安静的前景，借景的使用将遥远的景色纳入住宅的核心。

种植的设计采取了大量的本土沙漠植物，形成了有雕塑性、动感且可持续的景观设计，像是从原有环境中生长出来的。场地中保护下来的球状仙人掌被重新用于主入口处，按高度渐变排列，强化了入口车道的高度变化。仙人掌和其他区域植物成排排列，用来强化建筑的几何性，同时回应亚利桑那沙漠中的质感和色彩。

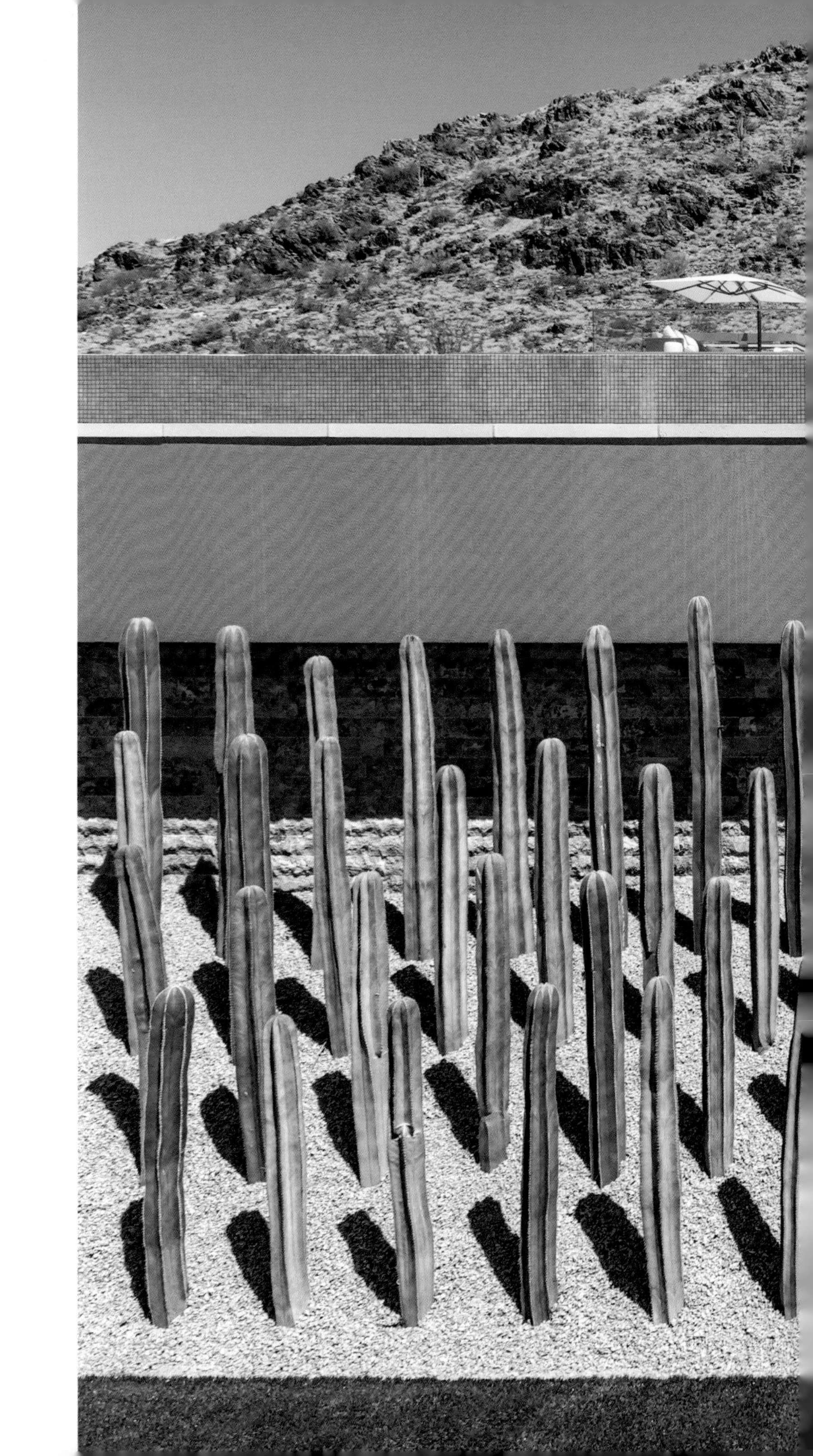

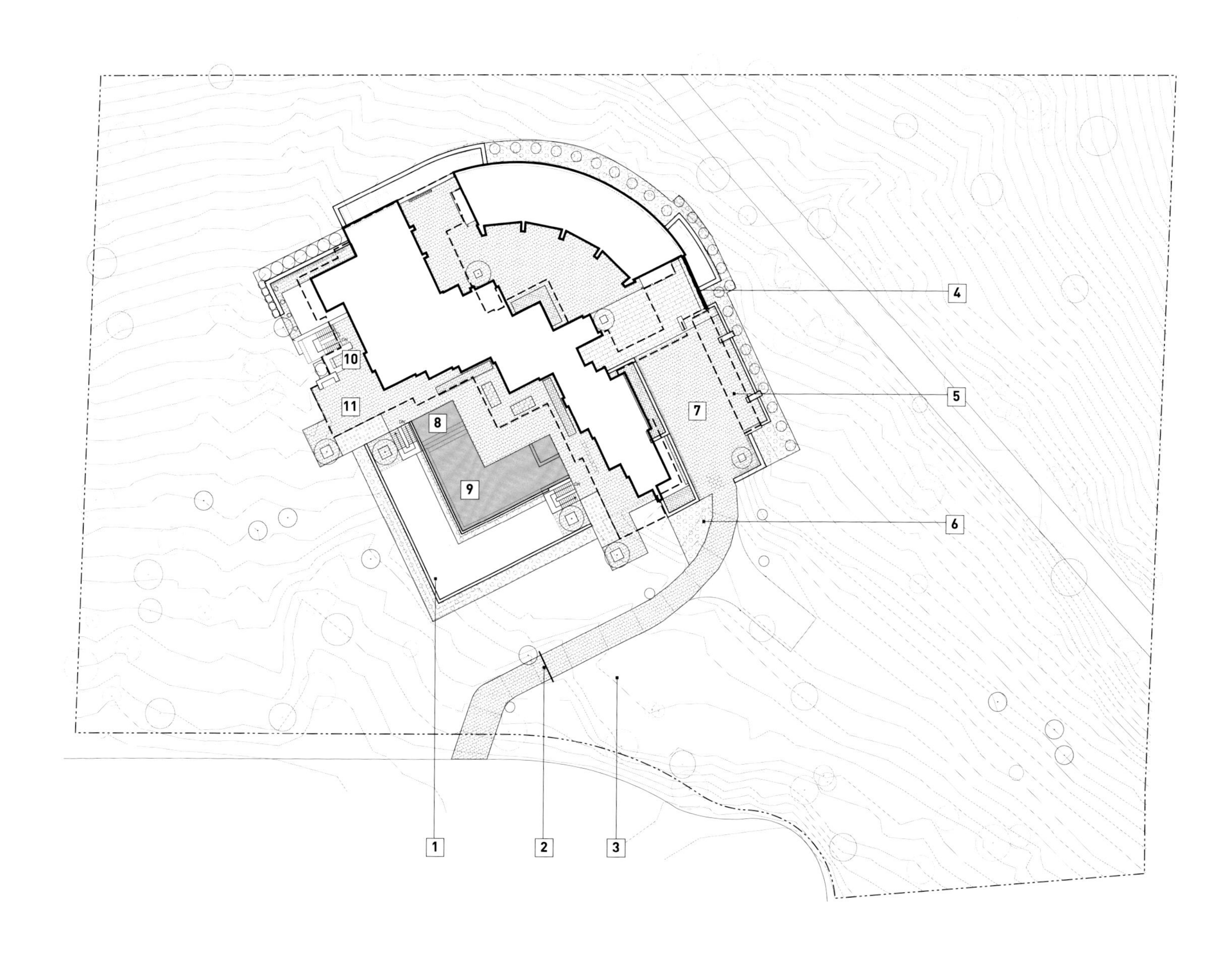

1. 草坪
2. 入户大门
3. 泰迪熊仙人掌坡地
4. 水墙
5. 廊架
6. 保留的柱状仙人掌
7. 入口前院
8. 浅水池
9. 无边泳池
10. 室外厨房
11. 就餐平台

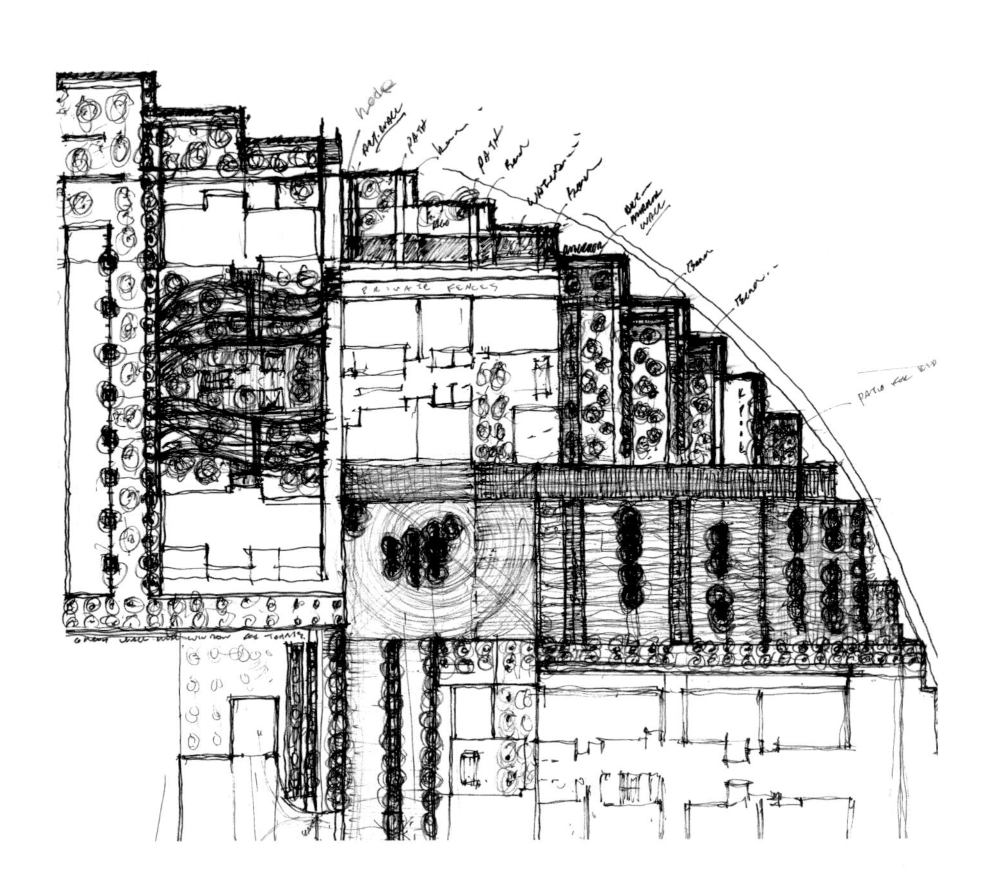
PRIVATE FENCES

延展的几何

建筑 | 城市

威斯敏斯特长老会教堂

Westminster Presbyterian Church

明尼阿波利斯，明尼苏达州

Minneapolis, Minnesota

纪念庭院和友谊花园占地7200平方英尺（约6.7公亩），位于威斯敏斯特教堂的北侧边界。坐落于明尼阿波利斯市中心中央商务区的南侧，这两个庭院都临近嘈杂的城市街道。它们为了纪念教堂成立150周年而建立。东侧的友谊庭院是具有灵活性的多功能空间，可以容纳人们聚集祈祷和庆祝。西侧的庭院则是一个城市的骨灰安置处和纪念场所。

穿孔铜板上的图案是对教堂历史悠久花窗的抽象表达，它将庭院与公共场所分开。围墙像是一层可渗透的薄膜。它由两层铜板组成，有图案的一层面向街道。两层铜板的错位排列形成了莫尔效应。它让人形成了一种运动的错觉，为庭院里的人和行人创造了取决于观看角度和行走速度的不同的视觉体验。

友谊花园中，狭窄的不锈钢水渠平行于围墙，它延伸了另一个庭院骨灰安置墙的线性形态。缓缓流动的水景反射着天空，提供了平缓的听觉体验，屏蔽了临近城市街道的噪音。

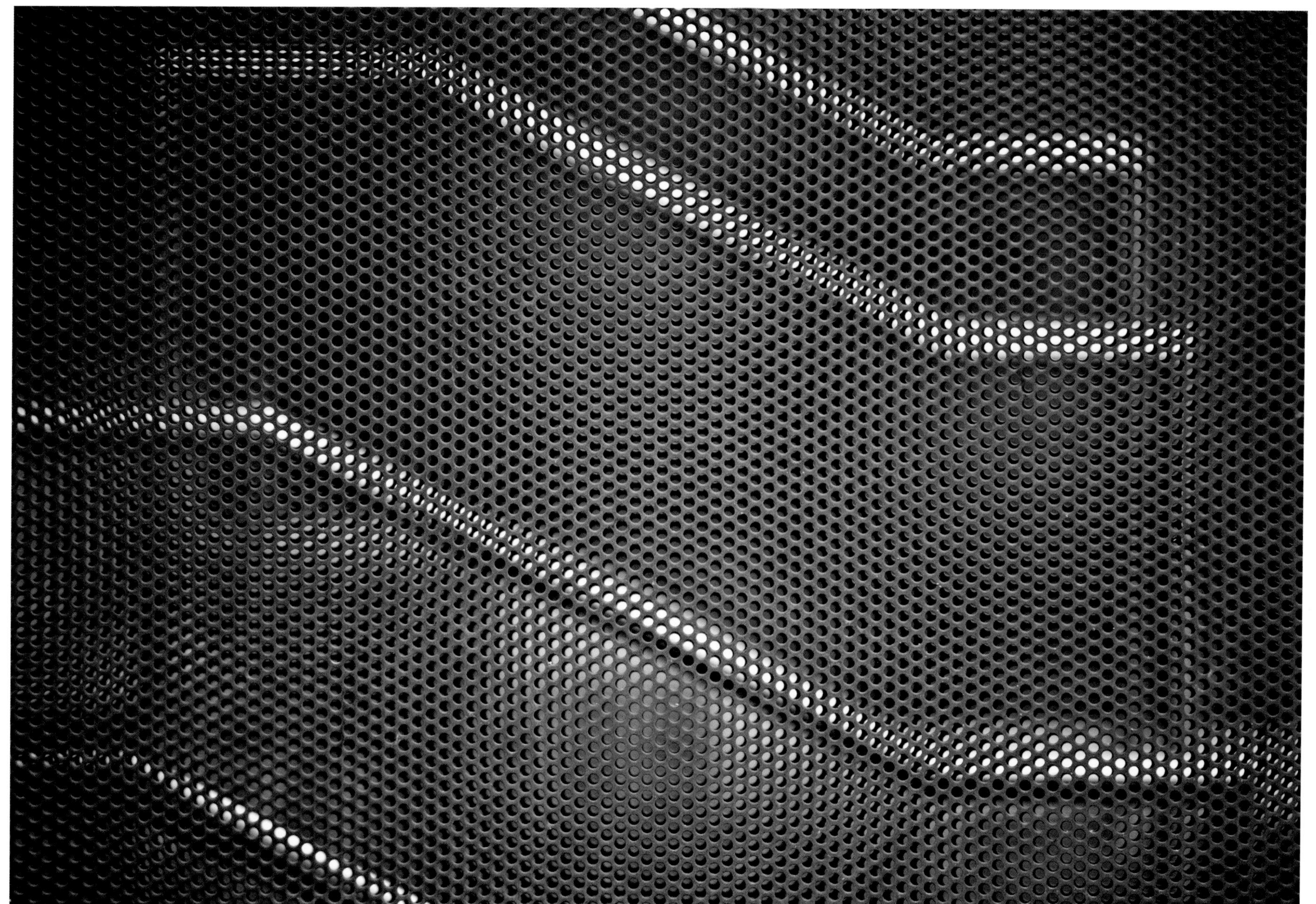

Hilton

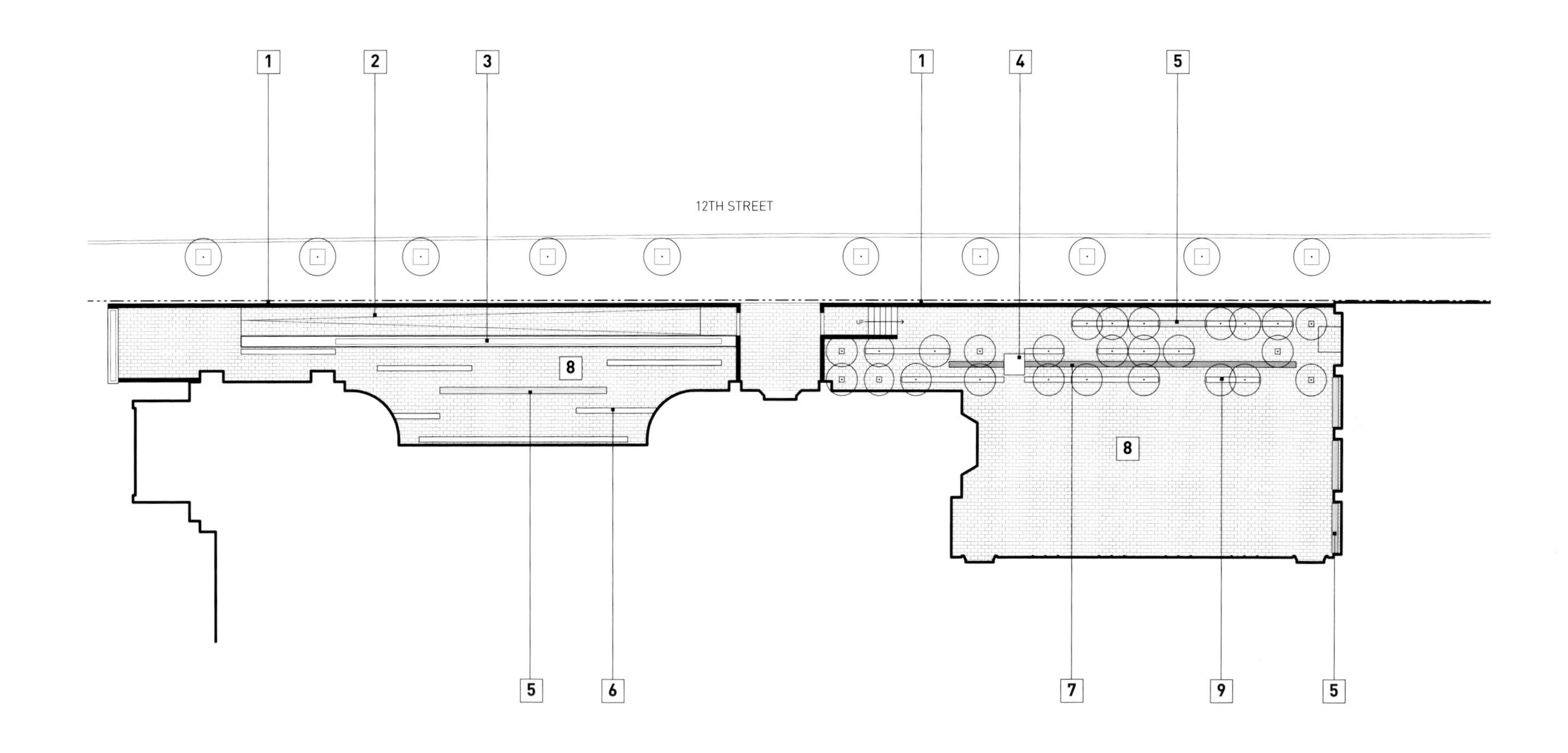

0 30′

1. 艺术围栏
2. 坡道
3. 骨灰安置墙
4. 金属桥
5. 重蚁木（Ipe）座椅
6. 碎石条
7. 水渠
8. 黏土砖铺地
9. 地被植物种植带

木屋
Wood House

芝加哥，伊利诺伊州
Chicago, Illinois

木屋位于芝加哥著名的柳条公园（Wicker Park）街区。这个场地在如此密集的街区算是特别宽裕的宅基地。如何在闹市里寻求隐私和享受自然是这个项目带来的挑战。住宅围绕着一个内部庭院而设计，景观和建筑元素协调统一，创造了一个平静的城市避风港。特别设计的有着竖向板条的围栏包围着整个地段，满足了客户对私密性的需求，同时将生活空间延伸到室外。竖向的板条被仔细地布局和旋转，使行人从街道上获得不断变化的观看体验。

院子的景观给人们创造了室内外的无缝连接，充分提供了休息、游憩和沉思的空间。人行空间铺地采用干铺花岗石，是住宅室内抛光花岗石铺地的视觉延伸。中央休息区的一侧是铺满景天类植物的4英尺（约1.2米）高的雕塑性地形，另一侧是一片如地毯一般的羊茅草，形成了视觉的反差，创造了平静的感觉。

636

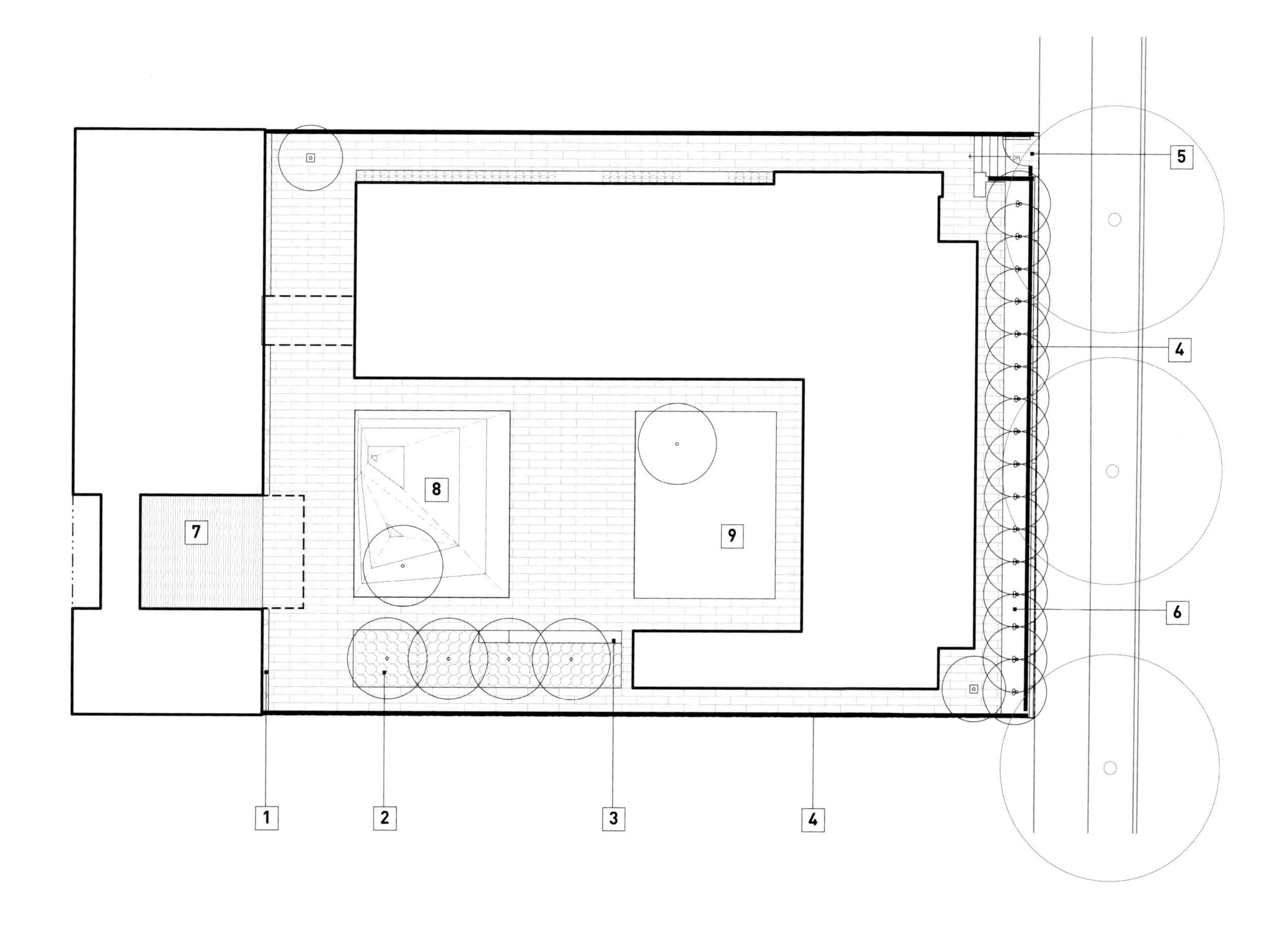

1. 爬藤墙
2. 多年生植物
3. 混凝土座椅
4. 艺术围栏
5. 入户门
6. 地被植物
7. 室外厨房
8. 景天类植物覆盖的地形
9. 羊茅草（Festuca）

比弗利山庄住宅
Beverly Hills Residence

比弗利山庄，加利福尼亚州
Beverly Hills, California

坐落于比弗利山庄的中心，这个住宅植物茂密，拥挤不堪，急需重新设计。景观设计的框架使这个仅半英亩（约2023平方米）的城市地块在空间限制与客户想要充分利用室外空间的愿望之间取得了平衡。场地的每一个设计元素都被视为艺术，我们在各个元素之间创造视觉的平衡，为场地活动创造灵活性。

作为建筑空间的延伸，一系列长方形的空间创造了室外的“房间”。前院的柠檬树和橙子树显示出主人欢迎的姿态，为街区的邻居们提供水果。这些果树背后是水平线条的围栏，它深暗的颜色和精致的形态为茂密的常绿树叶提供了平静的背景。简单又统一的榕树和肯蒂亚（Kentia）棕榈树为后院形成了一道安静的屏障。后院的空间被分为游憩区和冥想区。游泳池里的水面与后院的其他元素处于一个标高。这无限延伸的平坦像是一块摊开的画布，反射每个精心布局的景观要素。穿过两行橄榄树，一座部分是座椅、部分是水景的雕塑成为一条极具反差的线，反射着这美丽的树丛。

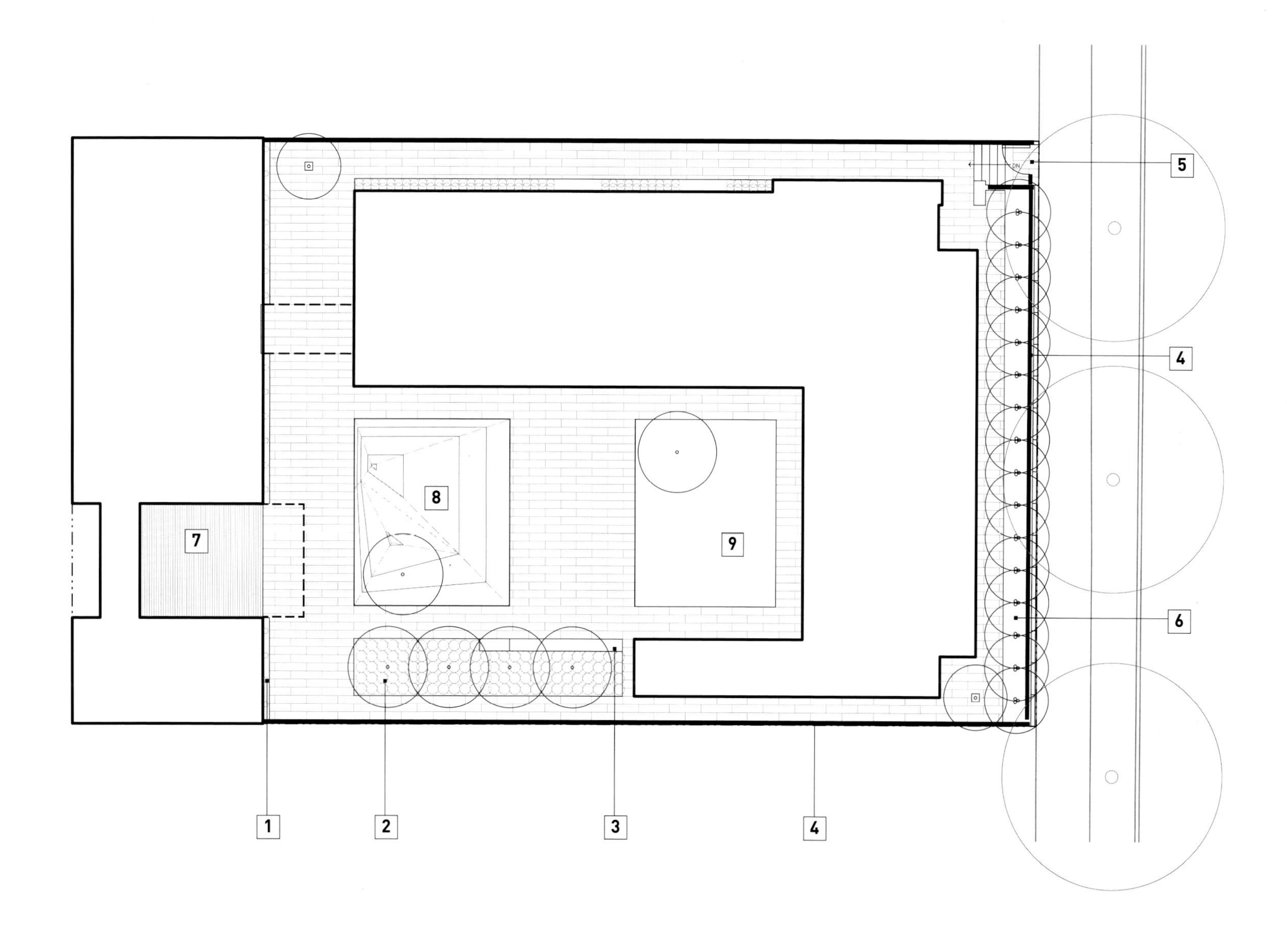

1. 爬藤墙
2. 多年生植物
3. 混凝土座椅
4. 艺术围栏
5. 入户门
6. 地被植物
7. 室外厨房
8. 景天类植物覆盖的地形
9. 羊茅草（Festuca）

比弗利山庄住宅
Beverly Hills Residence

比弗利山庄，加利福尼亚州
Beverly Hills, California

坐落于比弗利山庄的中心，这个住宅植物茂密，拥挤不堪，急需重新设计。景观设计的框架使这个仅半英亩（约2023平方米）的城市地块在空间限制与客户想要充分利用室外空间的愿望之间取得了平衡。场地的每一个设计元素都被视为艺术，我们在各个元素之间创造视觉的平衡，为场地活动创造灵活性。

作为建筑空间的延伸，一系列长方形的空间创造了室外的“房间”。前院的柠檬树和橙子树显示出主人欢迎的姿态，为街区的邻居们提供水果。这些果树背后是水平线条的围栏，它深暗的颜色和精致的形态为茂密的常绿树叶提供了平静的背景。简单又统一的榕树和肯蒂亚（Kentia）棕榈树为后院形成了一道安静的屏障。后院的空间被分为游憩区和冥想区。游泳池里的水面与后院的其他元素处于一个标高。这无限延伸的平坦像是一块摊开的画布，反射每个精心布局的景观要素。穿过两行橄榄树，一座部分是座椅、部分是水景的雕塑成为一条极具反差的线，反射着这美丽的树丛。

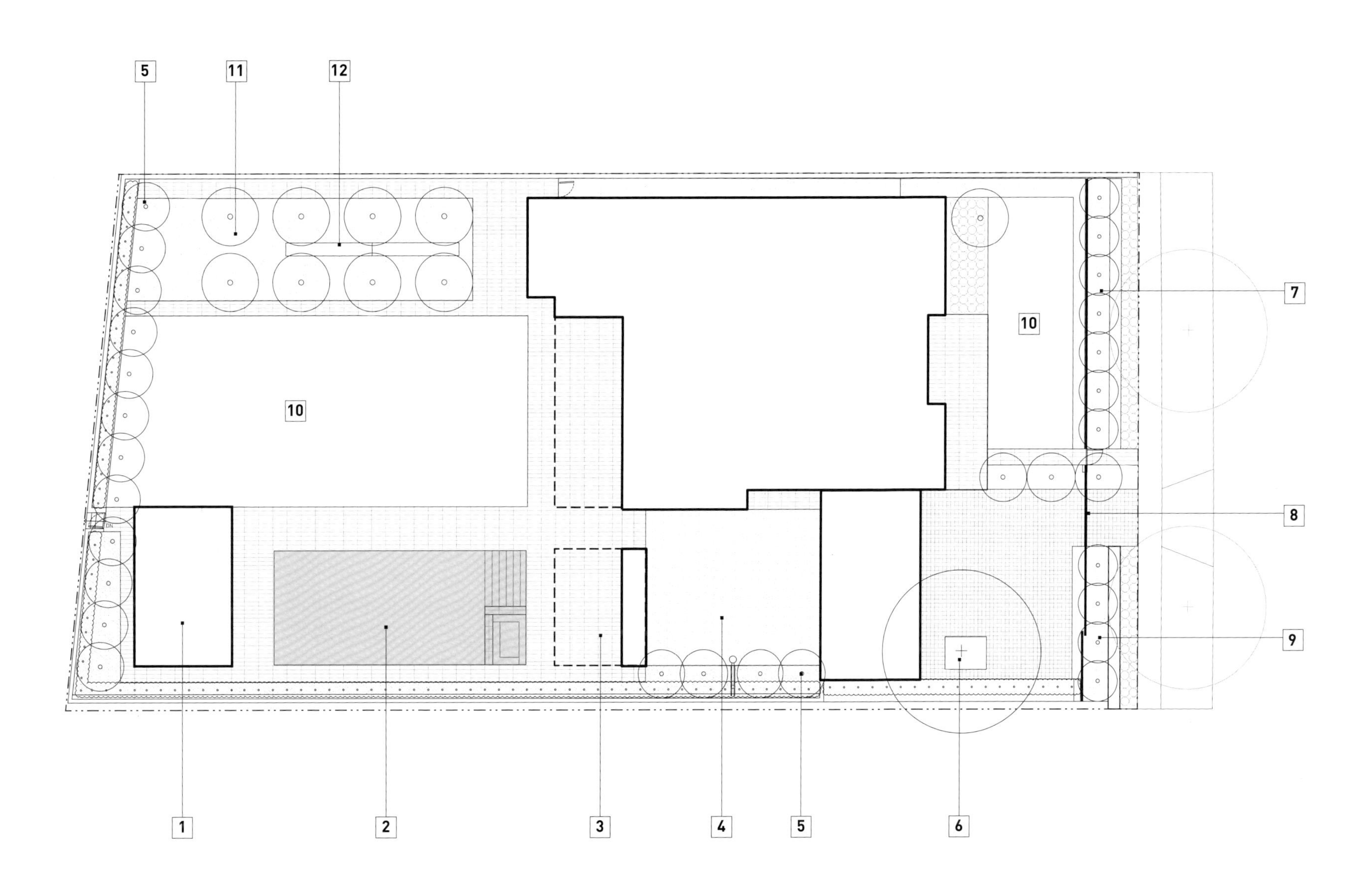

1. 健身房
2. 无边泳池
3. 凉棚
4. 游戏庭院
5. 棕榈树
6. 保留的橡树
7. 柠檬树
8. 围栏和入户大门
9. 橘子树
10. 草坪
11. 橄榄树林
12. 水景座椅

晴宇
Sky Habitat

碧山，新加坡
Bishan, Singapore

晴宇坐落在新加坡一个郁郁葱葱的公园旁边，这个住宅开发项目由两个标志性的阶梯形高塔与多维度的公共和私密空间组成。设计的灵感源于这个区域沿等高线布置的传统山地建筑。设计最大化地公平给予了高密度居住空间对光线、绿化和城市视野的公平需求。我们和萨夫迪（Safdie）建筑师团队紧密合作，创造了建筑与景观的无缝衔接。

底层的景观围绕中央的公共设施展开，例如休闲和聚集空间。一系列小的“口袋”空间以锯齿状分布在场地周围，回应着场地的边界和建筑的阶梯状立面。三个天桥戏剧性地连接着两个塔楼，每个都有独特的特征：两侧的平行水渠为14层的天桥提供了平静的休息空间；两条有树荫的蜿蜒的步道为26层的天桥提供了高架的观景空间；通长的无边泳池在38层的天桥上为住户提供了在空中游泳的体验。本土的树木和植被柔化了建筑锋利的边缘，为建筑及其住户遮蔽了强烈的阳光。

整个景观都建设在结构之上，需要和排水、防水等专业多重配合，对材料的选择也有很多要求。当人们在这个多层次的花园中行走时，在塔内外穿梭，不会感受到任何边界、任何标志着室内外界限的区域。

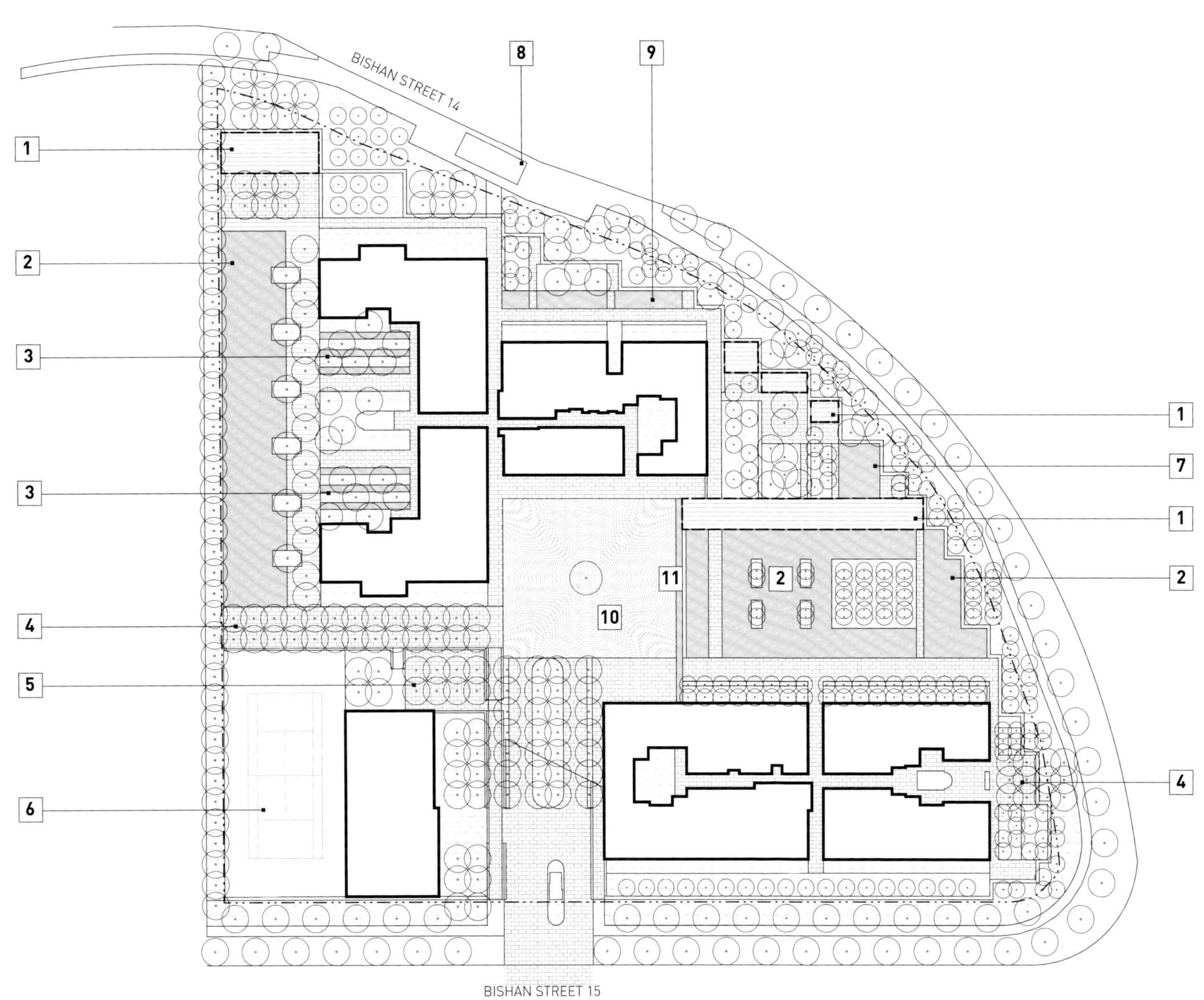

0 80'

1. 廊架
2. 泳池
3. 反射花园
4. 社交区域
5. 游戏区域
6. 网球场
7. 儿童池
8. 公车站
9. 莲花池
10. 入口庭院
11. 水墙

拉文·伯尼克中心
Lavin Bernick Center

新奥尔良，路易斯安那州

New Orleans, Louisiana

拉文·伯尼克中心是杜兰（Tulane）大学新扩建的学生中心，坐落在学校中央草坪的南端。景观的设计紧密的连接了学生中心与周边的校园和社区。一系列灵活的室外空间成为了校园活动的新的聚焦点。

所有的设计元素都直接对应了建筑的设计，以及新奥尔良半热带气候的复杂天气——阶梯平台、树荫、遮阳和提供了新鲜空气、自然光交换、社会交往的层层叠叠的院落空间。一条长达270英尺（约82.3米）的座椅覆盖了一道混凝土防洪墙，防止建筑的底层被季节性洪水侵袭。竖向的爬藤植物环绕着建筑，延伸到景观中，创造了安静与公共空间的软质分隔。茂密的植物在建筑周围创造了一些隐蔽和私密的空间。

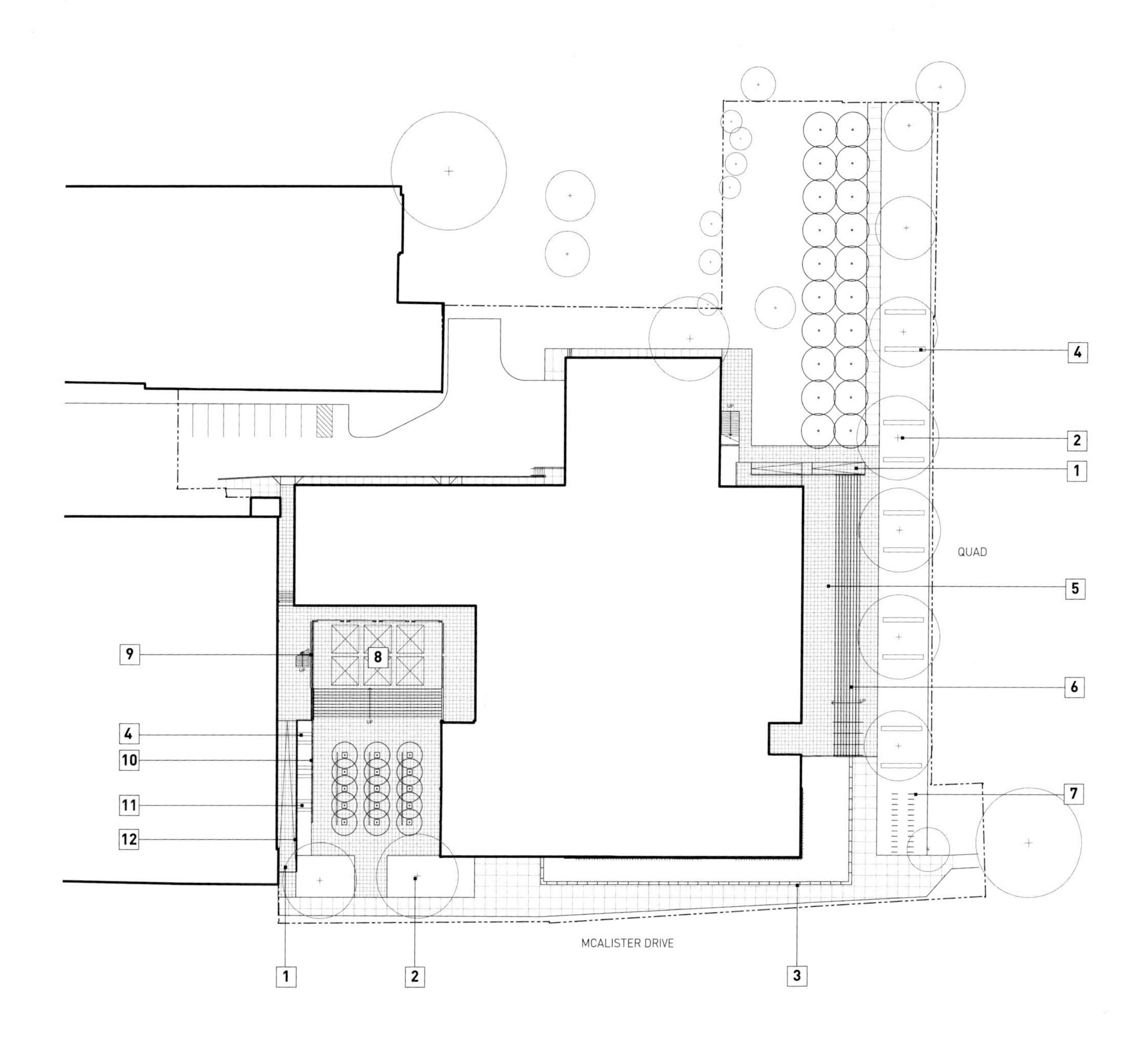

1. 入口坡道
2. 保留的橡树
3. 座椅 / 防洪墙
4. 重蚁木座椅
5. 上层平台
6. 大台阶
7. 自行车架
8. 遮阳伞
9. 电影屏幕
10. 爬藤屏幕
11. 户外阅读空间
12. 重蚁木围栏

明尼阿波利斯中央图书馆
Minneapolis Central Library

明尼阿波利斯，明尼苏达州
Minneapolis, Minnesota

明尼阿波利斯中央图书馆位于一块梯形场地。这缘于城市道路网格的变化，人行通道尼克莱特大道（Nicollet Mall）与交通要道亨内平（Hennepin）街在此交会。景观设计平衡了室外阅读空间的安静和大批人群快速出入建筑的嘈杂。

裸露的建筑柱网延伸到了景观中，形成了像森林一样的灯柱。灯柱提供了头顶和步行范围的持续的灯光，把发光的建筑特征延伸到了室外。在西广场上，一条80英尺（约24米）长的座椅置于灯柱中，成为图书馆的“前阳台”，也是人们等候公交车的休息区。座椅的朝向沿同一个结构变换方向，人们既可以面对图书馆也可以面对街道而坐。

成排的白桦树和层层堆叠的石板花园环绕至建筑北侧，解决了建筑地坪与周边场地的高差变化问题。雨水可以从石板的缝隙流入，它们被收集并用于周边植物的灌溉。白桦树种植得很密，间隔只有几英尺，以模仿它们在北部明尼苏达森林里的自然布局。这些树木紧密的排列让它们更快地向上生长，为室内的阅读空间提供了斑驳的光影。

景观中使用了回收的本地材料。弗吉尼亚石板材料来源于明尼苏达州弗吉尼亚市的一个采石场的废弃材料。

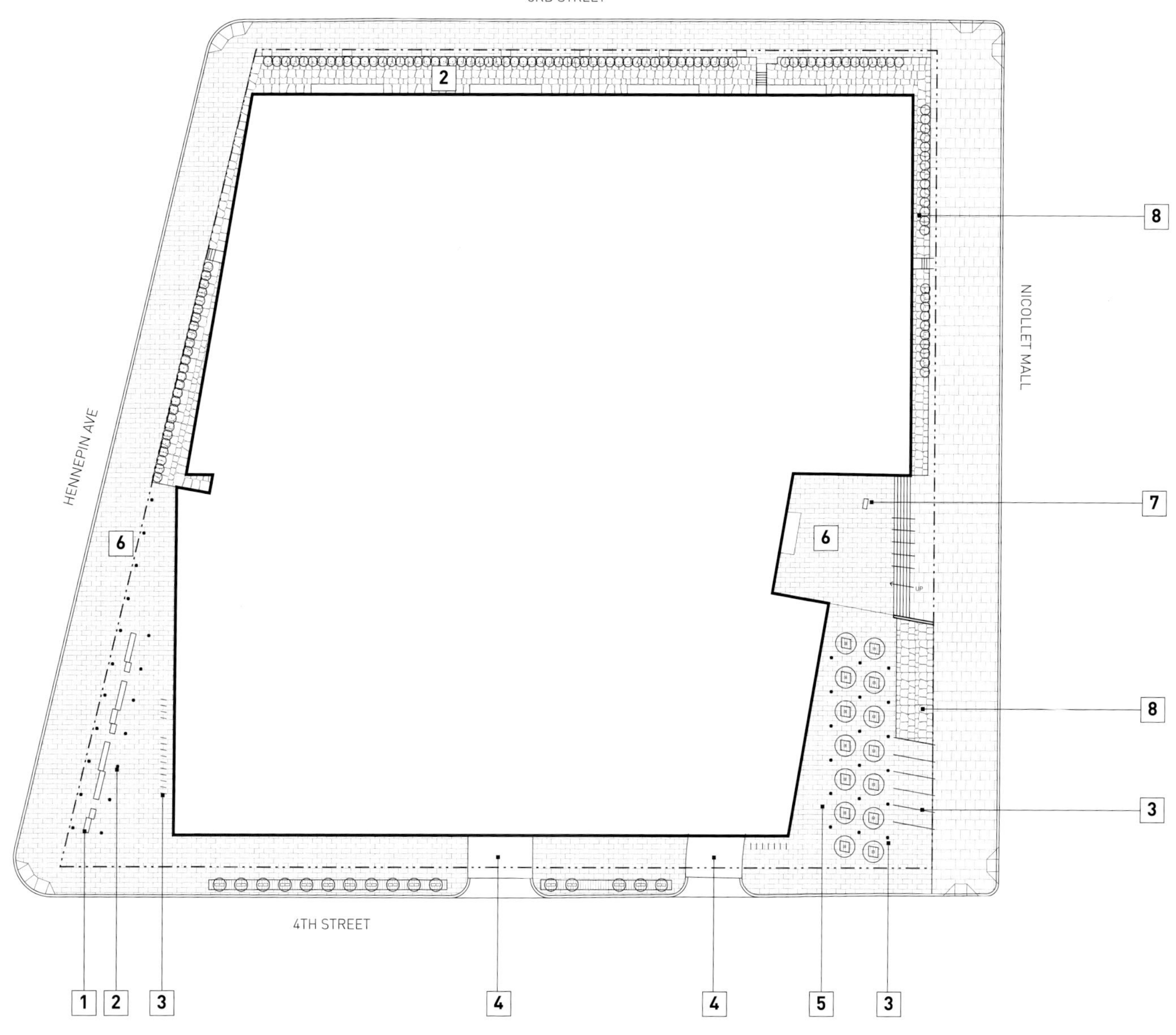

0 70'

1. 座椅
2. 灯柱
3. 自行车架
4. 服务和停车入口
5. 户外咖啡
6. 图书馆入口
7. 雕塑
8. 片岩和白桦树花园

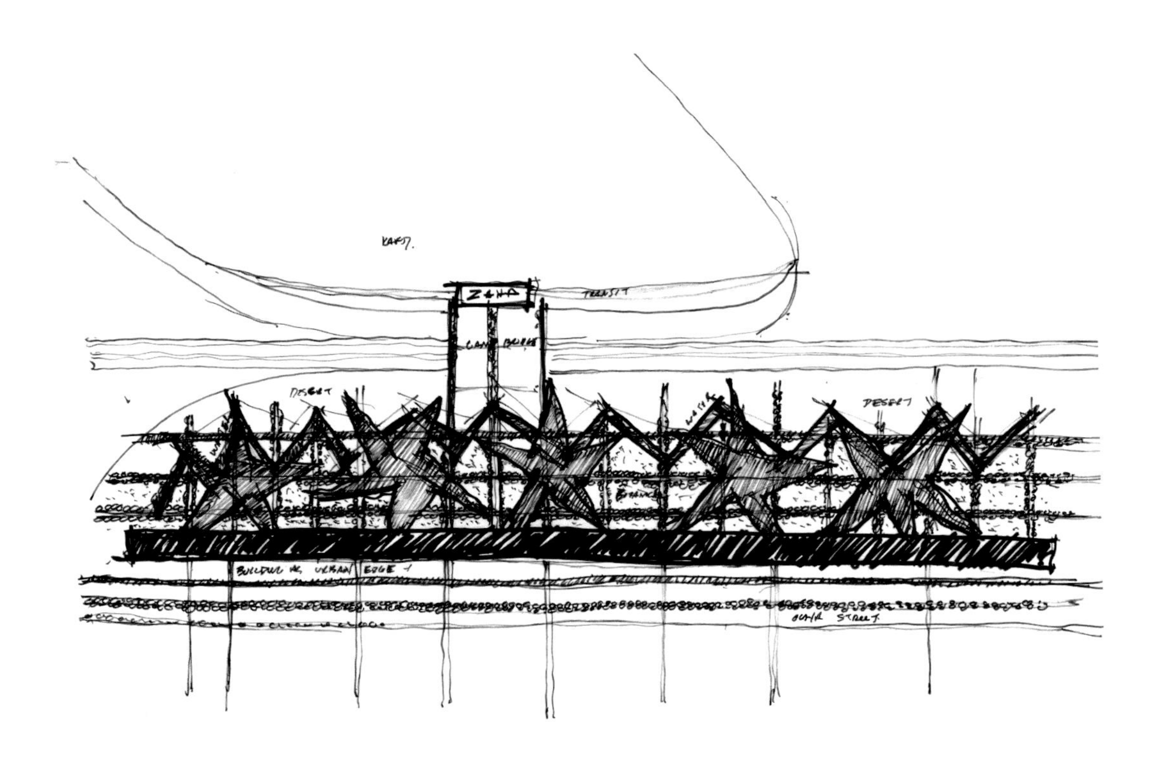
ZAHA
TRANSIT
DESERT
DESERT

扩张的视野

文化 | 历史

华盛顿广场公园
Washington Square Park

堪萨斯城，密苏里州
Kansas City, Missouri

华盛顿广场公园是一个5英亩（约2公顷）的公园，位于堪萨斯城很中心的区域，植物茂密且疏于打理，也没有太多人气。尽管它拥有市中心天际线的绝佳视野，北侧边界却是由围栏组成死胡同似的尽端路，向下25英尺（约7.6米）是大片的停车场。最初的设计关注如何保护面向城市的视线，但最终变成了与城市合作，进行整个地块的重新规划，包括周边另外5.5英亩（约2.2公顷）的土地。

整个街区将被平整，地下有两层停车场。中心地带将被保护成开放空间，两侧临街区域将是商住混合功能的开发区。场地中有一条被埋入地下的河道，之后沿着原有低洼地势形成了铁路中转站，这段历史影响了设计的概念。一条流动的水景出现在原河道的位置，人行步道以对角线穿过场地，方便人们穿行于公园两侧的忙碌街道。中央草坪中的小径和台阶回应着历史上的火车中转站的铁轨，它们都起始于出发站台。在公园的北端，木栈道和一系列花园的步道和座椅也模仿中转站的形态，给人一种漫步在林荫道的感觉，能够欣赏到无尽的城市和铁道的景色。设计框架中有不同尺度的活动空间，创造了一个活跃的对所有人开放的公共场所。

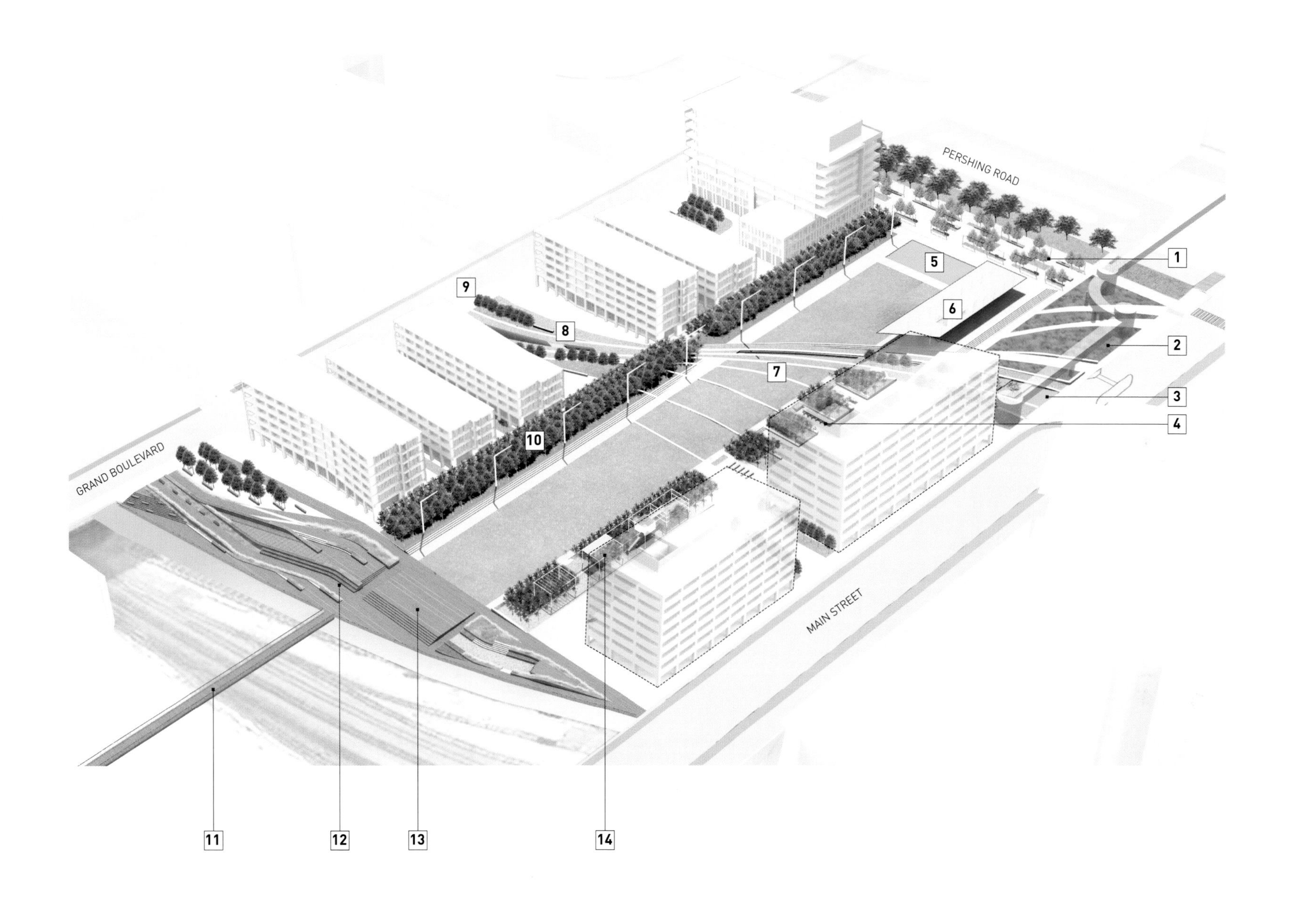

1. 餐车广场
2. 林间花园
3. 叠落的水景
4. 游戏区
5. 反射池
6. 亭
7. 水渠
8. 喷雾雕塑
9. 公车站
10. 林荫道
11. 人行桥
12. 铁轨花园
13. 平台
14. 游戏场

罗彻斯特城市核心
Heart of the City

罗彻斯特，明尼苏达州
Rochester, Minnesota

罗彻斯特城市核心由两个城市街区组成，坐落于世界闻名的梅奥诊所脚下，周边有无数宾馆、商店、饭店、娱乐设施，是罗彻斯特的中央公共广场。场地的设计巧妙地平衡了诊所散发出的静谧和治愈的气氛与充满活力和城市生活的公共空间。广场提供了友好的行人区域，给人聚集和参与活动的机会，例如冥想、在花园中的散步、节日庆祝、演唱会、时不时出现的集市和其他城市活动。一个互动的艺术空间邀请市民和梅奥诊所的访客一起参与面向太空冥想的体验，将两种不同人群通过有意义的活动联系起来，他们都曾经表示过希望有这样的机会，与其他群体互动。另一个大型艺术作品由数据驱动而改变颜色，展示在诊所里每天发生的奇迹。这个设计在罗彻斯特创造了一个独特的引人注目的公共空间。

CHATEAU
CHAT

TERVEELLISET SMOOTHIET – HEALTHY SMOOTHIES
PLACE
Order Here

SALUTE!
wine bar & more
LASKER
LASKER

SHOPS

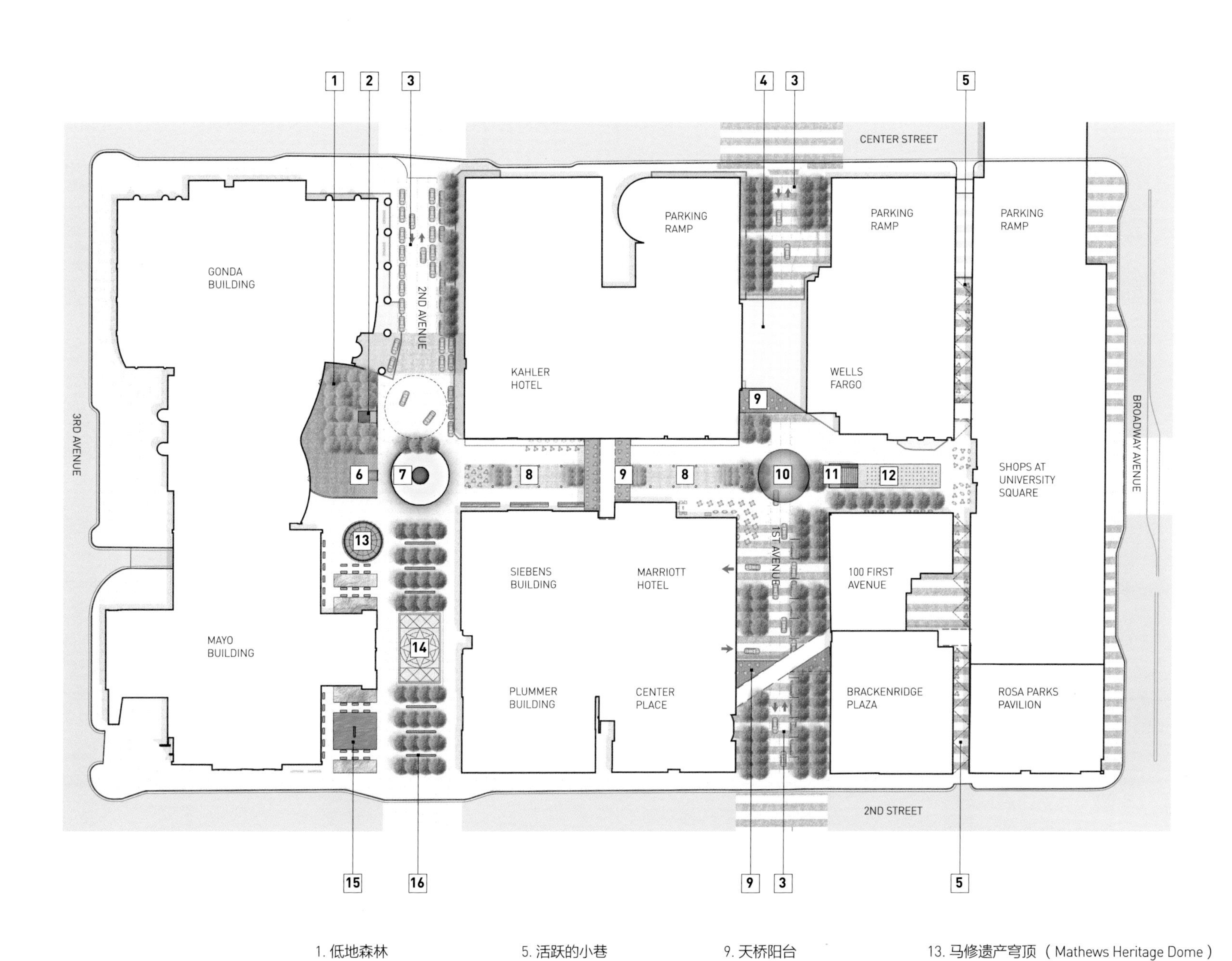

1. 低地森林
2. 雨水电梯
3. 无路牙的道路和广场
4. 灯光顶棚
5. 活跃的小巷
6. 大台阶
7. 天空风景装置
8. 和平广场
9. 天桥阳台
10. 标志性的艺术
11. 城市阶梯
12. 灵活的喷泉
13. 马修遗产穹顶（Mathews Heritage Dome）
14. 安嫩伯格（Annenberg）广场
15. 反射池
16. 赞布罗（Zumbro）福尔斯花园

阿卜杜拉国王经济中心区周边城市设计

King Abdullah Financial District Environs Study

利雅得，沙特阿拉伯

Riyadh, Kingdom of Saudi Arabia

阿卜杜拉国王经济中心区周边城市设计是对经济特区周边1220英亩（约494公顷）区域的整体规划和愿景。这个由景观建筑师带队的总体规划创造了一个独特的、世界级的规划模式，在保护本土特色、环境和文化的同时，创造了一个有活力的四通八达的城市公共体系。

这个公园和开放空间体系开创性地将沙漠引入了城市，为人们创造了体验周边环境自然美的机会。公园的沙地区域与沙漠植物园由一个水景隔开，它将利用流入城市河谷或者地下的干枯河道的城市用水。

由于该地区日照强烈，50%以上的公园区域都需要遮阳构件。受阿拉伯半岛独特的沙丘形态的影响，一系列由穿孔板组成的星形遮阳结构矗立在公园中，它的装饰图案来源于伊斯兰文化随处可见的形状。这些120英尺（约36.5米）高的遮阳构件是结构工程师创造的结晶，既美观又源于本土文化。这巨大的结构给人们提供了庆祝、祈祷的场所，也让人们随时感受到自己处在城市和自然环境中。

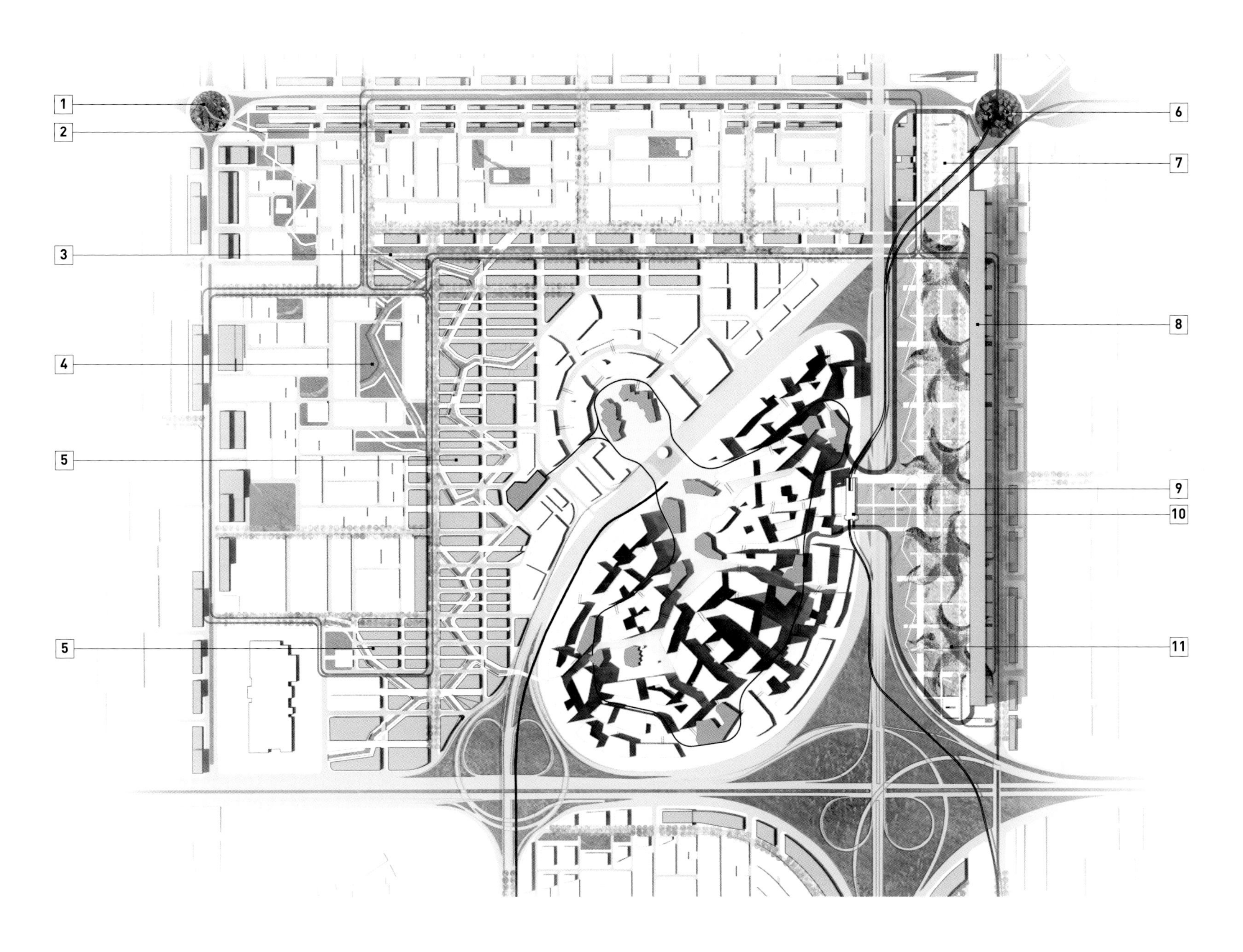

0 900′

1. 西北交通枢纽
2. Moqran花园大道
3. 北侧林荫大道
4. 西侧的开放空间
5. Wadi社区
6. 东北交通枢纽
7. 门户广场
8. 带状开发
9. 沙漠花园大道
10. 火车站
11. 沙丘广场

项目信息

杰克逊牧场

建成时间：1999年
地点：圣克鲁瓦河边的马林镇，明尼苏达州
规模：365英亩（约148公顷），其中220英亩（约89公顷）为保留土地，145英亩（约59公顷）为社区用地
建筑师：萨尔梅拉建筑事务所
客户：杰克逊牧场开发公司，哈罗德·蒂斯代尔
顾问：RLK-Kuusisto Ltd., North American Wetland Engineering
承包商：Landscape Renovations
图片版权：Peter Bastianelli Kerze, Kathleen Day-Coen, 戴维·萨尔梅拉, Robert Bourdaghs Photo, 科恩及合伙人事务所

阿尔布雷克特住宅

建成时间：2001年
地点：雷德温，明尼苏达州
规模：场地1.2英亩（约4856平方米），景观1.05英亩（约4249平方米）
建筑师：萨尔梅拉建筑事务所
承包商：River City Builders, Sargent's Nursery
图片版权：Peter Bastianelli Kerze

马里恩湖住宅

建成时间：2017年
地点：伍德兰，明尼苏达州
规模：8英亩（约3.2公顷），包括湿地和湖畔一共22英亩（约8.9公顷）
建筑师：Charles R. Stinson Architects LLC
承包商：Streeter & Associates, Landscape Renovations, Concrete Science, Wetland Habitat Restoration, Olympic Pools, Grant Barrette Company
图片版权：Peter Bastianelli Kerze

沃罗德边检站

建成时间：2010年
地点：沃罗德，明尼苏达州
规模：场地13.3英亩（约5.4公顷），景观11.4英亩（约4.6公顷）
客户：美国总务局（General Services Administration）
建筑师：Snow Kreilich Architects
顾问：Prairie Restoration, Sebesta Blomberg and Associates, Jacobs Engineering, Hanscomb Faithful & Gould, Key Engineering, The Weidt Group
承包商：Kraus-Anderson Construction, Bloomers Garden Center & Landscaping
图片版权：Frank Ooms Photography, 科恩及合伙人事务所

梅奥林地

完成时间：2002年
地点：罗彻斯特，明尼苏达州
规模：220英亩
客户：梅奥林地有限责任公司
建筑师：萨尔梅拉建筑事务所，阿尔特斯建筑事务所
顾问：McGhie & Betts
图片版权：Kathleen Day-Coen, 科恩及合伙人事务所

斯佩克曼住宅

建成时间：2008年
地点：圣保罗，明尼苏达州
规模：整个场地1.3英亩（约5261平方米），景观1.2英亩（约4856平方米）
顾问：Jerry Palms
承包商：Landscape Renovations, Axel Ohman, Prairie Moon Nursery, Rainbow Tree-Care, Olympic Pools, Richer Metal, Bauer Metal
图片版权：Paul Crosby Photography

哈林顿住宅

建成时间：2016年
地点：威札塔，明尼苏达州
规模：整个场地1.9英亩（约7689平方米），景观1.7英亩（约6880平方米）
建筑师：Charles R. Stinson Architects LLC
承包商：Streeter & Associates, Landscape Renovations
图片版权：Paul Crosby Photography, 科恩及合伙人事务所

芬代尔住宅

建成时间：2013年
地点：威札塔，明尼苏达州
规模：整个场地0.7英亩（约2833平方米），景观0.5英亩（约2023平方米）
建筑师：Architecture Research Office
顾问：illotson Design Associates; Van Sickle, Allen & Associates, Commercial Aquatic Engineers
承包商：Landscape Renovations, Streeter & Associates, Henry Leuthardt Nurseries, Inc.
图片版权：Jeremy Bittermann

卡尔霍恩湖住宅

建成时间：2010年
地点：明尼阿波利斯，明尼苏达州
规模：整个场地0.9英亩（约3642平方米），景观0.7英亩（约2833平方米）
建筑师：Charles R. Stinson Architects LLC
顾问：Aquatic Consultants, Water in Motion, BKBM Engineers, Hydrotech, Schuler Shook
承包商：treeter & Associates, Landscape Renovations, Olympic Pools, Irrigation by Design, JRD Lighting, Grant Barrette Company, John A. Dalsin & Son, Barnum Gates, Select Mechanical Services
图片版权：Paul Crosby Photography

亚利桑那住宅

建成时间：2015年
地点：天堂谷，亚利桑那州
规模：整个场地4英亩（约1.6公顷），景观3.8英亩（约1.5公顷）
建筑师：Charles R. Stinson Architects LLC
顾问：S. E. Consultants, Inc., Graham Surveying & Engineering, Inc.
承包商：Red Moon Development & Construction, Madison Master Builders, Inc., Native Arizona Landscaping Inc., Mossman Brothers
图片版权：Paul Crosby Photography, Marion Brenner Photography

威斯敏斯特长老会教堂

建成时间：2008年
地点：明尼阿波利斯，明尼苏达州
规模：庭院0.2英亩（约809平方米）
客户：威斯敏斯特长老会教堂
建筑师：Meyer, Scherer & Rockcastle, Ltd.
顾问：MG McGrath, Flair Fountains, Eickooff
承包商：M. A. Mortenson Company
图片版权：Paul Crosby Photography

木屋

建成时间：2013年
地点：芝加哥，伊利诺伊州
规模：整个场地0.2英亩（约809平方米），景观0.1英亩（约405平方米）
建筑师：Brininstool + Lynch
承包商：Goldberg General Contracting, The Garden Consultants, Inc., Cramblits Welding
图片信息：Christopher Barrett, Brininstool + Lynch

比弗利山庄住宅

建成时间：2015年
地点：比弗利山庄，加利福尼亚州
规模：整个场地0.5英亩（约2023平方米），景观0.4英亩（约1619平方米）
建筑师：Standard Architecture
承包商：Richard Holz, Inc., Pierre Landscape, David Tisherman's Visuals, Inc.
图片信息： Fotoworks/Benny Chan, 科恩及合伙人事务所

晴宇

建成时间：2015年
地点：碧山，新加坡
规模：整个场地3.1英亩（约1.3公顷），景观2.3英亩（约0.9公顷）
客户：凯德集团
建筑师：萨夫迪建筑事务所
顾问：Coen Design International Pte Ltd., RSP Architects Planners & Engineers Pte Ltd.
承包商：Shimizu Corporation
图片版权：Aaron Pocock Photography

拉文・伯尼克中心

建成时间：2007年
地点：新奥尔良，路易斯安那州
规模：整个场地3.4英亩（约1.4公顷），景观2.1英亩（约0.8公顷）
客户：杜兰大学
建筑师：Vincent James Associates Architects, Studio WTA
承包商：Broadmore
图片版权：Paul Crosby Photography

明尼阿波利斯中央图书馆

建成时间：2006年
地点：明尼阿波利斯，明尼苏达州
规模：整个场地3英亩（约1.2公顷），景观1.1英亩（约0.4公顷）
客户：明尼阿波利斯公共图书馆理事会
建筑师：Pelli Clarke Pelli Architects, Architectural Alliance
承包商：M. A. Mortenson Company
图片版权：Peter Bastianelli Kerze, Jeffrey L. Bruce & Company, 科恩及合伙人事务所

华盛顿广场公园

地点：堪萨斯城，密苏里州
规模：10.5英亩（约4.2公顷）
客户：堪萨斯城园林局
合作者：Kansas City Design Center, Kansas City Downtown Council
建筑师：El dorado inc
顾问：HR&A Advisors, Rosin Preservation, SK Design Group
图片版权：科恩及合伙人事务所

罗彻斯特城市核心

地点：罗彻斯特, 明尼苏达州
规模：整个街区15.3英亩（约6.2公顷），景观3.6英亩（约1.5公顷）
客户：医疗目的地中心（Destination Medical Center）经济发展中心，罗彻斯特市
建筑师：RSP Architects Planners & Engineers Pte Ltd.
顾问：.Square, Kimley-Horn and Associates, HR&A Advisors, Dream Box
图片版权：科恩及合伙人事务所

阿卜杜拉国王经济中心区周边城市设计

地点：利雅得，沙特阿拉伯
规模：1220英亩（约494公顷）
客户：Arriyadh开发局
建筑师：Shubin Donaldson
顾问：ARUP, Guy Nordenson and Associates, Rider Levett Bucknall
图片版权：Shubin Donaldson，科恩及合伙人事务所

图片来源

封面
Christopher Barrett
封底
© Fotoworks/Benny Chan

2—3页
Peter Bastianelli Kerze

杰克逊牧场
Peter Bastianelli Kerze: 16—17, 19—23, 27, 30; David Salmela: 18, 24; Coen+Partners: 25—26, 31; Robert Bourdaghs Photo: 29; Kathleen Day-Coen: 28

阿尔布雷克特住宅
Peter Bastianelli Kerze: 32—36; Coen+Partners: 37

马里恩湖住宅
Peter Bastianelli Kerze: 38—50; Coen+Partners: 51

沃罗德边检站
Frank Ooms Photography: 52—58; Coen+Partners: 59

梅奥林地
Coen+Partners: 60—61, 64—67; Kathleen Day-Coen: 62—63

斯佩克曼住宅
Paul Crosby Photography: 70—80; Coen+Partners: 81

哈林顿住宅
Paul Crosby Photography: 80—88; Coen+Partners: 89

亚利桑那住宅
Paul Crosby Photography: 108—109, 111, 114—116; Marion Brenner Photography: 110, 112—113; Coen+ Partners: 117

威斯敏斯特长老会教堂
Paul Crosby Photography: 120—130; Coen+Partners: 131

木屋
Christopher Barrett: 132—140, 142; Brininstool + Lynch: 139; Coen+Partners: 143

比弗利山庄住宅
Fotoworks/Benny Chan: 145—148, 150—152; Coen+ Partners: 149, 153

晴宇
Aaron Pocock Photography: 154—160; Coen+Partners: 161

拉文・伯尼克中心
Paul Crosby Photography: 162—170; Coen+Partners: 171

明尼阿波利斯中央图书馆
Peter Bastianelli Kerze: 172—175; Jeffrey L. Bruce & Company: 176 (above), 177; Coen+ Partners: 176 (below), 178—179

华盛顿广场公园
Coen+Partners: 182—187

罗彻斯特城市核心
Coen+Partners: 188—193

阿卜杜拉国王经济中心区周边城市设计
Coen+Partners, Shubin + Donaldson Architects: 194—198; Coen+Partners: 199

获奖信息

2017年

华盛顿广场公园，堪萨斯城，密苏里州，美国景观师协会明尼苏达分会荣誉奖
比弗利山庄住宅，比弗利山庄，加利福尼亚州，美国景观师协会明尼苏达分会优异奖
阿卜杜拉国王经济中心区周边城市设计，利雅得，沙特阿拉伯，美国景观师协会明尼苏达分会优异奖

2016年

晴宇，碧山，新加坡，美国景观师协会明尼苏达分会优异奖
亚利桑那住宅，天堂谷，亚利桑那州，美国景观师协会明尼苏达分会优异奖
沃特米尔（Watermill）住宅，沃特米尔，纽约州，美国景观师协会明尼苏达分会优异奖
范·布伦（Van Buren）美国边境边检站，范布伦，缅因州，美国景观师协会明尼苏达分会优异奖
第九街，劳伦斯市（Lawrence），堪萨斯州，美国景观师协会明尼苏达分会优异奖

2015年

史密森尼学会库珀·休伊特（Smithsonian Cooper Hewitt）国家设计奖景观类得主
塔尔萨（Tulsa）住宅，塔尔萨，俄克拉荷马州，美国景观师协会明尼苏达分会荣誉奖
马歇尔（Marshall）滨河公园与办公中心，明尼阿波利斯，明尼苏达州，美国景观师协会明尼苏达分会优异奖

2014年

木屋，芝加哥，伊利诺伊州，美国景观师协会明尼苏达分会优异奖
主街改造（Movement on Main），雪城，纽约州，美国景观师协会明尼苏达分会荣誉奖
范布伦美国边境边检站，范布伦，缅因州，总务局设计奖，荣誉奖

2013年

史密斯住宅，克莱迪特河（Credit River），明尼苏达州，美国景观师协会明尼苏达分会优异奖
汤·布兰特公园（Town Branch Commons），莱克星顿，肯塔基州，美国景观师协会明尼苏达分会荣誉奖

2012年

莱西（Lacey）住宅，明尼阿波利斯，明尼苏达州，明尼苏达建筑保护联盟奖（Peterson Keller）
霍桑（Hawthorne）生态村，明尼阿波利斯，明尼苏达州，美国景观师协会明尼苏达分会荣誉奖
密西西比河大桥，明尼阿波利斯，明尼苏达州，美国景观师协会明尼苏达分会优异奖

2011年

范布伦美国边境边检站，范布伦，缅因州，美国建筑师学会荣誉奖（Julie Snow Architects)
沃罗德边检站，沃罗德，明尼苏达州，美国景观师协会明尼苏达分会荣誉奖
卡尔霍恩湖畔住宅，明尼阿波利斯，明尼苏达州，美国景观师协会明尼苏达分会优异奖

2010年

沃罗德边检站，沃罗德，明尼苏达州，总务局设计奖，提及景观
沙利文（Sullivan）住宅，明尼阿波利斯，明尼苏达州，美国景观师协会明尼苏达分会优异奖
拉文·伯尼克中心，杜兰大学，新奥尔良，路易斯安那州，美国景观师协会明尼苏达分会优异奖
生活的街道：南格林威治（South Greenwich）景观设计导则，纽约市，纽约州，美国景观师协会明尼苏达分会优异奖

2009年

斯佩克曼住宅，圣保罗，明尼苏达州，美国景观师协会（全国）优异奖
威斯敏斯特长老会教堂，明尼阿波利斯，明尼苏达州，美国景观师协会（全国）优异奖，纽约建筑师联盟，新兴声音奖

2008年

拉文·伯尼克中心，杜兰大学，新奥尔良，路易斯安那州，美国建筑师学会环境奖（Vincent James Associates Architects）
沃罗德边检站，沃罗德，明尼苏达州，总务局设计奖提名在建建筑（On the Boards-Architecture）
梅奥1号，罗彻斯特，明尼苏达州，美国景观师协会明尼苏达分会荣誉奖
斯科格里夫（Cosgriff）住宅，圣克鲁瓦河边的马林镇，明尼苏达州，美国景观师协会明尼苏达分会优异奖

2005年

杰克逊牧场，圣克鲁瓦河边的马林镇，明尼苏达州，美国建筑师学会（全国）城市设计奖
马修木屋（Matthew Cabin），海鸥湖（Gull Lake），明尼苏达州，美国景观师协会明尼苏达分会荣誉奖

2004年

梅奥林地，罗彻斯特，明尼苏达州，美国景观师协会（全国）优异奖，美国景观师协会明尼苏达分会优异奖
杰克逊牧场，圣克鲁瓦河边的马林镇，明尼苏达州，木材设计大赛奖

2003年

梅奥林地，罗彻斯特，明尼苏达州，激进建筑设计奖，建筑设计杂志社
阿尔布雷克特住宅，雷德温，明尼苏达州，美国景观师协会明尼苏达分会优异奖

致 谢

我的父母是对我影响最早且最大的老师。我的父亲唐·科恩，从来没有将工作与生活分开过。他对事业无穷尽的投入至今仍影响着我，我自己也将工作融入生活。我的母亲弗兰（Fran）无尽的耐心和爱让我自信，让我找到自己生活的方向，与我周围的人合作。

乔·沃尔普（Joe Volpe）是我的第一个设计课教授。他有着不可抗拒的对于景观设计的热爱。他让我意识到空间中清晰的几何形体的重要性。到今天为止，我从来没见过像乔一样令人印象深刻的设计课老师。

在1991年，我遇到了景观设计师乔恩·斯顿夫。乔恩当时在为他的新事务所寻找一个合伙人。他的父亲比尔·斯顿夫是这个时代最有影响力的工业设计师之一。他为我们提供了明尼阿波利斯市中心免费的办公场所。我当时刚刚毕业6个月，账户里只有1000美金。尽管我的经验有限，乔恩仍决定与我合伙。我们孜孜不倦地工作，尤其是刚开始的那些年。我将自己今天所得的成就归功于乔恩和比尔。

住在明尼苏达州德卢斯（Duluth）的建筑师戴维·萨尔梅拉教会了我尺度、比例、重复和光的使用。戴维的作品中，总会有一系列尺度优雅的建筑朝向阳光的方向布置。我们一起研究景观和建筑如何通过几何形体、比例和材料融为一体。

我特别要提到凯特琳·戴-科恩（Kathleen Day-Coen），她是我见过的视觉最敏感的人。凯特琳有我不能体会到的空间感。设计不好的房间甚至灯光都能让她觉得身体不适，她必须立即离开这个空间。凯特琳对于周边环境的敏感以及我们生活在一起时的讨论影响了我对于建成环境的观察。凯特琳的想法成就了这个事务所最有意义的项目。

我的两个孩子，莱德（Ryder）和尼科（Nico），给我的生活带来了奇迹，他们让我更好地工作和生活。

很多人帮助塑造了我们的设计作品。要提及所有在科恩及合伙人事务所工作过的有天赋的设计师几乎是不可能的。然而，我尤其要感谢特拉维斯·凡·里尔（Travis Van Liere），斯蒂芬妮·戈洛塔（Stephanie Grotta），和罗斯·奥尔塞默（Ross Altheimer）的有创造力的作品。布赖恩·克莱默（Bryan Kramer）在2001年加入了科恩及合伙人事务所，他与我合作了16年。他敏锐的设计感觉影响了这本书里很多项目。

金佰利·圣塔（Kim Shintre）和帕特里克·奥布赖恩（Patrick O'Brien）让我意识到企业文化和对人的认可同样可以推动事务所的运营和品牌。

在2017年，罗宾·甘泽（Robin Ganser）和萨拉·切尔文斯基（Sara Czerwinski）成为了我的合伙人。他们正在塑造事务所的下一个篇章。我们不仅关注更加复杂的、跨领域的以景观为主的项目，而且带领我们的团队成为领域内的未来领袖。我们正在我们所在的城市和世界各地产生影响，也将影响一代人和他们的观点。

事务所职员

1991–2018年

Ross Altheimer, Nathan Anderson, Laura Baker,
Jonathan Blaseg, Zachary Bloch, Jennifer Bolstad,
Emily Bonifaci, Cindy Carlson, Jidapa Chayakul,
Liyang Chen, Erica Christenson, Shane Coen,
Michelle Cohoes, Don Colberg, Sara Czerwinski,
Vincent DeBritto, Louise Eddleston, Vanessa Eickhoff,
Robin Ganser, Anne Gardner, Carl Gauley,
Jamuna Golden, Kate Greve, Stephanie Grotta,
Ian Hampson, Amber Hill, Nicholas Hofstede,
Brent Holdman, Brenda Ingersoll, Wanjing Ji,
Britta Johanson, Britton Jones, Laura Kamin-Lyndgaard,
Alex Koumoutsos, Bryan Kramer, Kelly Majewski,
Barbara Makousky, Austin McInerny, Craig Nelson,
Tiffani Navratil, Kristin Raab, Al Rahn,
Molly Reichert, Erin Rourke, Tamie Runningen,
Kimberly Shintre, Amy Speckien, Linda Spokowski,
Matthew Stewart, Jon Stumpf, Elizabeth Swift,
Kevin Tousignant, Egle Vanagaite, Travis VanLiere,
Vera Westrum, Michael Wilson, Jessica Wolff,
Jihyoon Yoon, Cindy Zerger